农村妇女脱贫攻坚知识丛书
NONGCUN FUNÜ TUOPIN GONGJIAN ZHISHI CONGSHU

科学养殖百问百答

全国妇联妇女发展部
农业部科技教育司 组编
中 国 农 学 会

U0238320

中国农业出版社

图书在版编目（CIP）数据

科学养殖百问百答／全国妇联妇女发展部，农业部科技教育司，中国农学会组编．—北京：中国农业出版社，2017.8（2018.2重印）
（农村妇女脱贫攻坚知识丛书）
ISBN 978-7-109-23052-1

Ⅰ.①科… Ⅱ.①全… ②农… ③中… Ⅲ.①养殖-农业技术-问题解答 Ⅳ.①S8-44

中国版本图书馆 CIP 数据核字（2017）第 132421 号

中国农业出版社出版
（北京市朝阳区麦子店街 18 号楼）
（邮政编码 100125）
责任编辑　诸复祈

北京通州皇家印刷厂印刷　　新华书店北京发行所发行
2017 年 8 月第 1 版　　2018 年 2 月北京第 2 次印刷

开本：880mm×1230mm　1/32　印张：4.75
字数：150 千字
定价：18.00 元
（凡本版图书出现印刷、装订错误，请向出版社发行部调换）

农村妇女脱贫攻坚知识丛书
编审指导委员会

主　任：宋秀岩

副主任：张玉香　杨　柳

委　员：崔卫燕　廖西元　刘　艳
　　　　邰烈虹　杨礼胜　吴金玉

农村妇女脱贫攻坚知识丛书
编委会

执行主编： 崔卫燕　廖西元

副 主 编： 邰烈虹　刘　艳　杨礼胜
　　　　　　吴金玉

委　　员： 纪绍勤　孙　哲　任在晋
　　　　　　杨春华　杜伟丽　邢慧丽
　　　　　　奉朝晖　马越男　靳　红
　　　　　　冯桂真　崔力娜　洪春慧
　　　　　　陈元绥

本书编写人员

主　编: 孙　哲　冯桂真

副主编: 陈　强　曹凯德

参　编 (按姓名笔画排序):

毕　坤　侯引绪　袁宏伟

廖丹凤

编者的话

经过近一年的努力,《农村妇女脱贫攻坚知识丛书》如期与大家见面了。这是全国妇联贯彻落实中央扶贫开发工作会议精神,积极推进"巾帼脱贫行动"的重要举措,也是全国妇联携手农业部等单位助力姐妹们增收致富奔小康的具体行动。

目前,脱贫攻坚已经到了攻坚拔寨、啃"硬骨头"的冲刺阶段,越是往后越要鼓足劲头加油干。在我国现有建档立卡贫困人口中,妇女占 45.6%。妇女既是脱贫攻坚的重点对象,同时也是脱贫攻坚的重要力量。必须看到,贫困妇女文化素质较低,劳动技能单一,创业就业能力和抗市场风险能力较弱,与所面临的艰巨任务的要求还有一定差距。着力促进提高贫困妇女的科学文化素质和脱贫增收能力,已经成为当前农村妇女工作首要而紧迫的任务,成为贫困妇女全面参与现代农业发展、打赢脱贫攻坚战的必然要求,更是贫困妇女姐妹的迫切希望。基于多年的农村妇女教育培训工作经验,应姐妹们的呼声和要求,我们组编了《农村妇女脱贫攻

1

坚知识丛书》。本套丛书共八册，涵盖扶贫惠农政策法规、科学种植、科学养殖、果蔬茶加工流通、休闲农业、手工编织、妇女保健等方面。

全国妇联、农业部高度重视本套丛书的出版工作。全国妇联党组书记处专题研究丛书的立项，对工作的推进及时给予指导。农业部科教司、中国农学会与全国妇联妇女发展部通力合作，共同研究丛书大纲，邀请业内权威专家加盟丛书的编写，全国妇女手工编织协会和中国女医师协会也组织最精干的力量参与其中。各位专家和中国农业出版社、中国妇女出版社的资深编辑们精心设计、科学论证，以精品意识、工匠精神和强烈的责任感、使命感，倾情竭力打造这套丛书。丛书以姐妹们愿意看、喜欢看、看得懂、学得会、用得上为目标，力求内容上通俗易懂、简明扼要，形式上图文并茂、富有趣味，选题上契合农村妇女生产生活的实际需要和性别特点。

期待这套丛书能够帮助姐妹们提高科学生产、健康生活和脱贫增收的素质及能力，助力姐妹们叩响创业之窗、开启致富之门，依靠自己的勤劳与智慧，过上幸福美好的新生活！

编　者

2017 年 7 月

目　录

■ 养　羊

养　猪

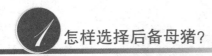

怎样选择后备母猪？

选留好的后备母猪，对于降低引种成本，提高母猪生产性能起到决定性作用。关键技巧如下：

（1）一看肢、蹄、趾

外观为八字腿、蹄裂、鸽趾和鹅步的猪不能留，要选足垫着地面积大且有弹性的猪，这样的猪容易起卧，走路灵便。趾要大且均匀，两趾大小不一致或趾与趾间缝隙过小容易导致蹄裂或足垫的损伤，两趾要很好地往两边分开，以便更好地承担体重。

（2）二看乳头

至少有7对或更多乳头，分布均匀，发育良好。没有瞎乳头、凹陷乳头和内翻乳头。而且至少要有3对乳头分布在脐部以前，这决定了母猪的哺乳能力。

（3）三看阴户

小阴户、上翘阴户、受伤阴户和幼稚阴户不适合作为后备母猪。这样的猪多数不能繁殖或繁殖性能很差。

（4）四看体型

应选留行走自如、走路时两腿间距足够宽、背部强壮、骨架宽、后躯轻微倾斜的猪。另外还要考虑不同品系的品种特征。

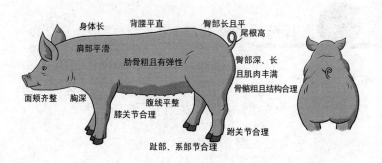

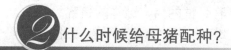

后备母猪在 150～170 日龄发情，仔猪断奶 3～10
天后母猪发情，发情周期 16～25 天，平均 21 天。母猪
发情一般可持续 3～5 天。一般上午 8 时和下午 2 时各
检查一次母猪是否发情。根据母猪的发情症状，可将发
情周期分为前、中、后三期。

(1) 前期

表现兴奋不安、采食量明显下降、外阴部红肿，并
试图爬跨其他猪，但拒绝交配，人走近时就会走开。

(2) 中期

外阴可见黏稠分泌物，两耳竖立（大约克夏猪最明
显），被其他母猪爬跨时站立不动，用手按压母猪背部
母猪站立不动（称为"站立反应"或"静立反射"）。这
时配种受胎率最高。

（3）后期

外阴开始收缩、颜色变淡，食欲正常，精神安定，站立反应消失，拒绝交配。

怎样给难产母猪接产？

母猪有羊水排出、强烈努责后 3 小时仍无仔猪排出，或者产仔间隔超过 30 分钟，即可视为难产。难产多发生在初产母猪，或母猪产 2～3 头以后，尤其是7～8 头时难产较多。仔猪初生体重过大，或者母猪过于肥胖也会造成难产；另外，前一胎发生过难产的母猪也往往会难产。对于难产母猪，可以先肌肉注射氯前列烯醇 2 毫升或者实施人工助产。

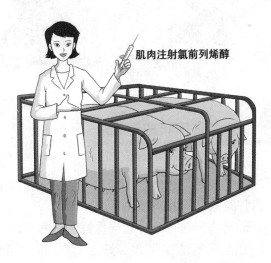

肌肉注射氯前列烯醇

●人工助产方法

(1) 用 1% 高锰酸钾溶液清洗外阴、手臂和助产器；

(2) 用润滑剂涂抹手臂；

(3) 用助产器套住仔猪，随着母猪子宫收缩节律缓缓向外拉出，直至小猪脱离母体；

(4) 分娩时间超过 4 小时的母猪要控制产后炎症，可以连续 3 天注射鱼腥草＋阿莫西林（用量参照说明书）。

 如何提高仔猪成活率?

提高仔猪成活率是实现养猪效益的关键，以下技巧可以提高仔猪成活率和健康水平：

(1) 母猪临产前 1 个月适当提高营养水平，增加饲喂量，以提高仔猪的初生重。妊娠后期，可注射 K 88 等疫苗，使母猪产生抗体，抗体可通过乳汁传给仔猪，从而预防仔猪腹泻。

（2）在保持产房舍温 20 ℃ 左右的基础上，在产栏内设置仔猪保温箱。

（3）固定奶头。早吃初乳可以及早获得免疫力，在母猪产仔过多而无力全部哺育时，应将多余仔猪寄养给其他母猪哺育。

（4）在仔猪出生 2～3 天后，给每头仔猪肌肉注射铁制剂 100～150 毫克。

注射疫苗　　室温20℃　　早吃初乳　　肌注补铁

5 怎样寄养仔猪？

（1）寄养母猪选择

选择产期接近的母猪进行寄养，寄养母猪必须是泌乳量高、性情温顺、哺育性能好的母猪。

（2）寄养时间

产后 1～2 天的晚上是寄养仔猪的最佳时间。此时，仔猪尚辨别不出异味，不会发生母猪咬仔猪或仔猪之间咬架的现象。

（3）寄养方式

后产的仔猪向先产的窝里寄养时，要挑体重大的仔猪寄养；而先产的仔猪向后产的窝里寄养时，要挑体重小的仔猪寄养。

（4）消除寄入仔猪气味

猪的嗅觉特别灵敏，母子相认主要靠嗅觉来识别。寄养时，要使母猪分辨不出被寄养仔猪的气味，才能寄养成功。消除仔猪气味的方法有两种：一是把准备寄出的仔猪用寄入窝中的母猪胎衣等排泄物涂擦仔猪全身，再与寄入窝中仔猪在接产箱内自由摩擦 1 小时左右，消除异味；二是向产房内喷洒来苏儿水，以消除异味。

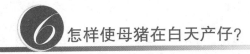

6 怎样使母猪在白天产仔?

(1) 调整授精时间

将配种授精时间调整到母猪发情的次日早上或第三日早上的 8~9 时，可使 90% 的母猪在白天产仔。

(2) 给临产母猪注射氯前列烯醇

在母猪临产前 1~3 天（母猪妊娠的第 111~113 天）的上午 8~9 时，给母猪颈部肌肉注射 125 微克氯前列烯醇，可使 98% 的母猪在注射后的次日天黑以前分娩。此法能促进母猪顺利产仔，还能加速胎衣、恶露排出，预防子宫内膜炎，利于子宫复原，缩短母猪断奶至发情配种的天数，提高繁殖能力。注射氯前列烯醇诱导母猪分娩，对母猪和新生仔猪均无任何副作用，且药物成本低。

7 怎样使用青饲料喂猪?

(1) 科学选用青饲料品种

猪是单胃动物，只能在盲肠内消化青饲料的少量粗纤维。因此，宜选用紫花苜蓿、苦荬菜、饲料南瓜、饲料胡萝卜、菊苣、白三叶草、紫云英、美国籽粒苋、串叶松香草、聚合草和牛皮菜等作为猪的青饲料。

（2）合理确定用量

青饲料喂猪虽有很多优点，但营养成分不全，不能长期单喂和过量饲喂。

（3）宜鲜喂，忌熟喂

青绿饲料采回后，先洗净切碎或打浆，然后掺入混合饲料直接喂猪，这样既能保证维生素不被破坏，又不会使猪中毒。但对适口性差或粗纤维多的青饲料最好发酵处理后再喂。

（4）防止采割有毒青饲料

萝卜叶、芥菜叶和油菜叶等青饲料中都含有硝酸盐，当有细菌存在时可将硝酸盐还原为亚硝酸盐，亚硝

青饲料

酸盐具有毒性。青饲料堆放时间长、发霉腐败、加热或煮后闷放过夜均会促进细菌的生长，产生亚硝酸盐。还有一些青饲料，如高粱苗、玉米苗、马铃薯幼苗、三叶草、木薯、亚麻叶和南瓜蔓等含有一种叫氰苷配糖体的物质，当这类饲料堆放发霉或霜冻枯萎时会分解产生氢氰酸。

中毒后解毒方法：用 1%亚硝酸钠或 1%美蓝溶液肌肉注射。

 ## 如何降低新购仔猪的发病率？

（1）在购进仔猪前，先将栏舍清洗干净。消毒可根据病原选用 2%的烧碱水、5%～10%的来苏儿水或 10%的过氧乙酸等。

（2）购进仔猪第一天，先喂给 1 次 0.1%的高锰酸钾溶液，或在饮水中加入抗生素，并坚持供给充足的清洁饮水，让仔猪自由活动、排尿和排粪。待其寻食时，喂给其适量喜食的青绿多汁饲料或颗粒性饲料，以后再逐渐添加精饲料，以仔猪 7～8 成饱为宜。

（3）在仔猪饲料中添加强力霉素，每日每头添加 0.4～0.8 克，防止仔猪下痢。同时，为增强仔猪胃肠适应能力，可在饲料中添加酵母粉或苏打片。

（4）经 7～10 天的观察，在确定仔猪一切正常的情况下，可给未经预防接种的仔猪进行猪瘟、猪丹毒、猪肺疫等毒株的接种。

（5）新购的仔猪经 15～30 天单独饲养后，若无疾

病发生，用盐酸左旋咪唑片按每 5 千克体重 25～30 毫克内服驱虫后，便可和其他仔猪混养。

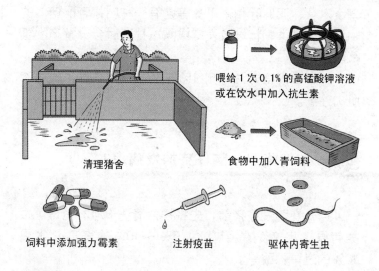

喂给 1 次 0.1% 的高锰酸钾溶液或在饮水中加入抗生素

食物中加入青饲料

清理猪舍

食物中加入青饲料

饲料中添加强力霉素

注射疫苗

驱体内寄生虫

如何防止母猪发生产后泌乳障碍？

母猪产后出现乳结、乳房肿胀、少乳、缺乳或者无乳，都称为产后泌乳障碍。可采取以下措施防止：哺乳母猪乳腺是所吸收营养成分的优先使用者，因此在营养方面要特别重视。如在全价哺乳饲料中添加甘油三酯可使更多的葡萄糖被乳腺吸收利用；注射缩宫素可促进乳腺中的乳汁排出，并使子宫体收缩从而利于子宫内血液及时进入乳腺以供产奶；仔猪可以通过按摩母猪乳房（拱乳）诱导母猪泌乳。

猪每天应喂多少饲料？喂几次适宜？

应根据猪的品种、年龄、季节、饲料性质和猪不同生长阶段的生理消化特点决定每天喂猪的次数。一般认为，种公猪和母猪3～4次，哺乳仔猪6～8次，断奶仔猪5～6次，肥育猪3次，每次喂料间隔时间应一致。

猪各阶段采食量

饲养阶段	饲料品种	体重（阶段）	每日投喂量
乳猪	乳猪料	5千克	从0.1千克逐渐加至0.12千克
		6.5千克	从0.2千克逐渐加至0.3千克
		9千克	从0.5千克逐渐加至0.6千克
		12千克	0.7千克
		15千克	0.8千克
怀孕母猪	怀孕母猪料	冬天，配种后3天内	1.8千克+0.1千克
		3～21天	2千克+0.2千克
		21～90天	2.25千克+0.2千克
		90～110天	从2.5千克逐渐加至3千克
		110天至分娩	从3千克逐渐减至1千克
哺乳母猪	哺乳料	第1天	1.5千克，参考带乳猪数，（1.5+0.4×仔猪数）千克
		第2天	2千克
		第3天	3千克
		第4天	4千克
		第5天及以后	从5千克逐渐加至7千克

（续）

饲养阶段	饲料品种	体重（阶段）	每日投喂量
断奶至配种前	哺乳料		视膘情定，2.5～3千克
短期优饲育肥猪	肥猪料	15～30千克（小猪）	按体重约5%
		30～60千克（中猪）	按体重约4%
		60千克至出栏（大猪）	按体重约3%

幼猪出现四肢行走困难怎么办？

幼猪易患维生素 A 缺乏症，如不及时进行补充，就会出现消化不良、腹泻、下痢、皮肤干燥、视力障碍、神经机能紊乱、四肢行走困难等症状，严重时可致死亡。其防治方法是：

（1）经常给泌乳的母猪添喂些胡萝卜、黄心甘薯以及南瓜等，以提高饲料中胡萝卜素的供给水平，增加乳汁中维生素 A 的含量。

（2）把煮熟的鸡蛋黄捣碎，加温开水（用乳汁更好）调和，让幼猪自由饮用或人工灌服，连续数天，即可见效。

（3）苍术 25 克，菊花 20 克，研末，分两次拌料喂服，每日 1 剂。

 人工授精有什么好处？

(1) 加快生猪品种改良进度

猪的人工授精技术得到普及推广，品种间的优良基因得到快速扩散，特别是国际上优秀品种的基因也通过购买猪精液的方式传入我国，加快了我国生猪品种的改良进度。

(2) 降低饲养成本

用作本交的公猪每头可以完成 20～30 头母猪的配种任务，而一头用作人工授精的公猪可以完成 100～

200 头母猪的配种任务，效率是本交的 5～10 倍，大大降低了养猪成本。

（3）有效控制猪群疫病的传播

猪的很多疫病如繁殖与呼吸综合征、布鲁菌病、日本脑炎等都可以通过本交传播。而人工授精可以减少疫病传播，保证猪群健康。

（4）提高母猪的受胎率和繁殖率

开展人工授精要求输精前对精液进行仔细检查，合理配制，保证每一份精液的品质。而且能够保证在最佳的输精时间内输精，只要操作顺利就可以保证较高的受胎率和繁殖率。

 冬季如何给产房局部供暖？

猪舍的局部供暖就是利用供暖设备对猪舍的局部区域进行加热而使该区域达到较高的温度。局部供暖主要针对分娩舍的哺乳仔猪。最佳方法如下：仔猪保温箱一般采用硬塑、玻璃钢、木材等材料制成，也有的采用砖块砌筑，外表用水泥砂浆抹面而成。仔猪保温箱的外形尺寸一般长0.9米、宽0.5米，箱顶可悬挂红外线保温灯，最好在箱底加装电热保温板，为仔猪提供局部供暖。

仔猪保温箱

 怎样给猪舍防暑降温？

猪舍降温的方法很多，其中机械制冷由于设备成本和运行费用都很高，一般不采用。常采用以下措施：

（1）绿化遮阳

种植树干高、树冠大的乔木，为窗口和屋顶遮阳；也可搭架种植爬蔓植物，在南墙口和屋顶上方形成绿化遮棚，对减少太阳照射猪舍、降低猪舍内的温度、减少猪的热应激有明显的效果。

（2）通风

采用机械通风，形成较强的气流对猪舍进行降温。

（3）冷水降温

利用远低于舍内气温的冷水，使之与空气充分接触而进行热交换，从而降低猪舍内的空气温度。如果用低于露点温度的冷水，还具有除湿冷却的效果。

15 怎样给仔猪施行早期断奶？

断奶适宜在 21～35 日龄，同时应调教并提高仔猪的采食量。断奶前仔猪日采食量应达到 150 克以上，否则不利于仔猪断奶后的生长发育。让仔猪逐渐少接触母猪，主要是逐渐减少仔猪吃奶次数，在每次吃奶前让仔猪先吃部分饲料以减少仔猪对母乳的依赖性，这样一般可在 5 天左右完成断奶，对仔猪应激也比较小。

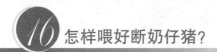

怎样喂好断奶仔猪？

目前市场上已生产出专用于早期断奶仔猪的免疫球蛋白，添加于饲料和饮水，增强断奶仔猪的免疫力和抗病力。另外，在日粮中添加维生素 E、谷氨酰胺、铁、锌等也可提高仔猪的免疫力。

对断奶仔猪的管理主要从以下几方面入手：

（1）圈舍环境不变

采取原圈饲养，仔猪休息、饮食和排泄等熟悉的环境不变，可减少应激发生。

（2）饲养人员不变

原来饲喂母猪的饲养员了解母猪和仔猪的习性，应继续让其饲喂断奶仔猪。

（3）做好防寒保暖

仔猪对低温的适应能力差，如果在温度低的季节进行早期断奶，会加剧仔猪的寒冷应激反应，这个时候就要特别做好防寒保暖措施。

（4）确保舍内卫生，做好消毒

最好实行"全进全出"制，对舍内环境进行严格的消毒；勤清粪、少冲洗，舍内空气湿度控制在 60%～70%；训练仔猪定点排便；加强通风，降低舍内氨气、二氧化碳等气体含量，以减少对仔猪呼吸道的刺激，从而减少呼吸道疾病的发生。

（5）规范免疫程序

严格按照免疫程序及时给仔猪接种疫苗。

 如何识别豆粕掺假？

取少许待检豆粕放在干净的瓷盘中，铺薄铺平，在上面滴几滴碘酒，过 6 分钟，若有物质变成蓝黑色，说明可能掺有玉米、麸皮、稻壳等。

豆粕

哪些药物和添加剂是禁止使用的？

药物使用应严格按照《禁止在饲料和动物饮用水中使用的药物品种目录》（中华人民共和国农业部公告第176号、第193号、第1519号）执行。

饲料添加剂使用应按照《饲料添加剂品种目录》（中华人民共和国农业部公告第2045号）执行。

 在哪里建猪场比较科学合理？

选择猪场地址的关键要素应包括以下几方面：

（1）合法用地

务必在国家与地方最新的土地管理政策和地方土地发展规划允许的范围内选址。

（2）选好场址

地势较高、干燥、有缓坡、空气流通、水源及排水好的地点是建设猪场的理想地点。

（3）做好环保

选择远离人居、比较偏远的山区，有利于废弃物的管理。

（4）要有利于防疫

一般应远离其他畜牧场或工厂，与交通干线保持一定距离等。

（5）考虑水、电来源以及交通运输成本

20 怎样用中草药代替抗生素和添加剂喂猪？

养猪户可以在网络、报刊上寻找信息，并在专家、中药师的指导下，摸索利用黄芪、神曲、柏仁等十多种中草药与农家饲粮配制成饲料养猪的方法，发挥中草药的营养和药用作用，增加猪所需的氨基酸、

饲料中加入中草药

代替抗生素和添加剂

维生素和微量元素，调节猪体代谢，健脾开胃，增强免疫力。

　　也可以购买中草药添加剂配伍到猪饲料中使用，如"优丹"植物源绿色料精等。中草药添加剂具有用量少、成本低的特点，并能达到猪粪无恶臭、排放无污染、猪肉无公害等效果。

养 鸡

21　选择蛋鸡种应注意什么问题？

对蛋鸡品种的选择，应考虑所选择鸡的品种、供种场的生产管理状况及市场需要等多方面的因素。目前规模化饲养商品蛋鸡大都采用商用配套系品种。引进品种主要以罗曼蛋鸡和海兰蛋鸡为主，国内品种主要有京红1号、京粉1号、农大3号、京白939及"新杨"系列蛋鸡等品种。引种时，应考虑从正规的大型种鸡场引种，种鸡场应具有种畜禽生产经营许可证，种鸡场应提供配套的技术、资料和售后服务。养殖户应根据市场的需要确定引种的方向，如不同地方对蛋壳颜色的喜好有一定差异，在南方，褐壳蛋比白壳蛋更受欢迎。

种畜禽生产经营许可证

具有种畜禽生产经营许可证

大型种鸡场引种

配套技术和售后服务

如何做好雏鸡的开饮和开食？

进雏前应把饮水预温，使饮水达到舍内温度，并在饮水内加入5%的葡萄糖和0.1%的多维，连饮3天。开饮要用真空饮水器，3天后在乳头饮水器或水槽中加水，并使雏鸡逐渐过渡到用乳头饮水器或水槽饮水，撤掉真空饮水器。雏鸡孵出后尽快运到育雏室，先饮水后喂食，饮水应新鲜、清洁，饮水2～3小时后开始喂料。

雏鸡开食时间在孵出后24小时为宜。最初3天将开口料撒在"浅平"开食盘或塑料布（牛皮纸）上供雏鸡食用，喂料原则宜少喂勤添，以后随着日龄增长逐步增加每次饲喂量，并减少次数。雏鸡3日龄后在料槽中加料，待雏鸡习惯料槽时撤去开食盘或塑料布，料槽的高度或挡板高度应根据鸡体高度随时进行调整。

怎样有效控制育雏舍相对湿度？

育雏适宜的相对湿度以50%～65%为宜。1～10日龄舍内相对湿度为60%～65%，湿度过低，影响卵黄吸收和羽毛生长，雏鸡易患呼吸道疾病。10日龄以后相对湿度为50%～60%。随着雏鸡体重增加，呼吸与排泄量也相应增加，育雏室相对湿度也在提高，易诱发球虫病，此时要注意通风，经常保持室内干燥清洁。

最初1周育雏室内给予较高的湿度，我国南方不加湿就可以达到，北方等地区则要加湿。加湿的方法可以在育雏室内放水盆，或采用带鸡消毒，这样，既可增加空气的相对湿度，又可达到消毒杀菌的目的。

 育雏期雏鸡饲养密度是多少？怎样进行适时调整？

雏鸡饲养密度的大小应根据雏鸡日龄、品种、育雏方式、加温方式、季节和通风条件等情况进行适时调整

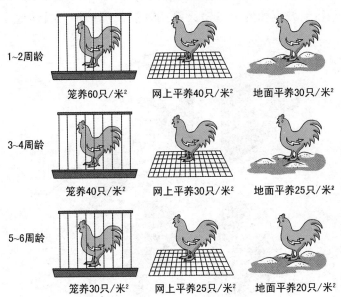

1~2周龄	笼养60只/米²	网上平养40只/米²	地面平养30只/米²
3~4周龄	笼养40只/米²	网上平养30只/米²	地面平养25只/米²
5~6周龄	笼养30只/米²	网上平养25只/米²	地面平养20只/米²

和疏群。立体笼育雏时，前10天将雏鸡移到上层，利用疏散鸡群的机会把强弱雏分开，弱雏置于温度较高的部位，以利于它们的生长发育。不同育雏方式下的饲养密度为：雏鸡1～2周龄，笼养60只/米²，网上平养40只/米²，地面平养30只/米²；3～4周龄，笼养40只/米²，网上平养30只/米²，地面平养25只/米²；5～6周龄，笼养30只/米²，网上平养25只/米²，地面平养20只/米²。

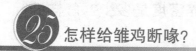

25 怎样给雏鸡断喙？

　　断喙是防止啄癖发生的最基本的措施，并可防止饲料浪费。一般在6～10日龄断喙。但6～10日龄期间要进行新城疫和传染性法氏囊病等的免疫接种，机体处于

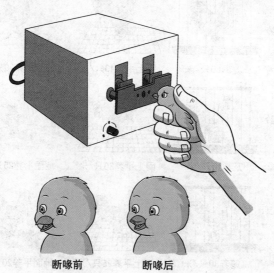

断喙前　　　断喙后

应激状态，不能与断喙同时进行，应错开两天以上。断喙时，一手握鸡，拇指置于鸡头部后端，食指置于咽喉部，轻压头部和咽部，使鸡舌头缩回，以免灼伤舌头。如果鸡龄较大，另一只手可以握住鸡的翅膀或双腿。断喙器的孔眼大小应使烧灼圈与鼻孔之间相距 2 毫米。上喙断去 1/2，下喙断去 1/3，然后在灼热的刀片上烧灼 2～3 秒。

断喙前后 2～3 天，不能喂磺胺类药物，可在每千克饲料中拌入 2～3 毫克维生素 K_3，或将维生素 K_3 直接加入饮水中以促进凝血。断喙后要供给充足的饮水，料槽中饲料应充足，并注意雏鸡采食量的变化。

26 如何做好雏鸡至育成鸡的日粮过渡？

在 6 周龄末，分别检查雏鸡的体重及胫长是否达到标准（没有胫长标准的品种，可参考相近品种）。当鸡群 6 周龄的平均体重和胫长达标时，即可将雏鸡料换成育成鸡料。若此时鸡体重和胫长达不到标准，需继续饲

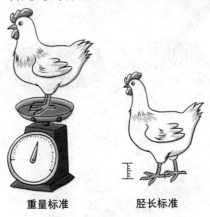

重量标准　　　　胫长标准

喂雏鸡料，一般要求 10 周龄前必须达标。若体重和胫长超标，换料后保持原来的喂量，并限制以后每周饲料的增加量，直到恢复标准为止。饲料更换应逐步进行，7 周龄的第 1～2 天，用 2/3 育雏料和 1/3 育成料混合喂给；第 3～4 天，用 1/2 育雏料和 1/2 育成料混合喂给；第 5～6 天，用 1/3 育雏料和 2/3 育成料混合喂给，以后喂给育成料。

 产蛋前如何补充光照？

开产前后是指开产前两周到约有 80% 的鸡开产的这段时间。育成后期时要测定鸡群的体重，并与鸡种的标准体重相对照。若达不到标准，要延长育成料的饲喂期。若 17 周龄抽检时体重达到品种标准，则开始补充光照。一般为每周增加 0.5～1 小时，直至增加到 16 小时。

如何确定产蛋鸡的饲养密度？

产蛋鸡有平养和笼养两种饲养方式，集约化蛋鸡舍主要采用阶梯式或重叠式笼养，一般 3 只鸡一笼，每只鸡约占 500 厘米^2；平养采用地面平养与网上平养结合的方式，每 5 只鸡配一个产蛋箱，每平方米饲喂 7～8 只。

 如何布置鸡舍光源和设定光照时间？

为了增加光照强度，使照度均匀，一般光源间距为其高度的 1～1.5 倍，不同列光源相互错开。注意鸡笼下层的光照强度是否满足鸡的要求，使用灯罩比无灯罩的光照强度应增加约 45%。灯泡和灯罩需要经常擦拭，坏灯泡及时更换，以保持足够亮度。

密闭蛋鸡舍的光照制度

周龄	光照（小时）	周龄	光照（小时）
1	22	21	12
2	18	22	12.5
3	16	23	13
4～17	8	24	13.5
18	9	25	14
19	10	26	15
20	11	27～72	16

30 如何判断当前养蛋鸡能否赚钱？

蛋鸡的养殖成本主要来自于饲料，其收益主要来自于鸡蛋，所以，可以根据市场上鸡蛋和饲料的价格比值来判断蛋鸡养殖能否盈利。以养殖一只褐壳蛋鸡来计算，饲养 72 周总产蛋量约 18 千克，所需要消耗的蛋鸡饲料约为 50 千克，以淘汰蛋鸡 12 元/只计算，并考虑计入疫苗、兽药及人工等各种成本，当鸡蛋价格与饲料价格的比值大于 2.89 时，蛋鸡养殖就有一定程度的盈利。

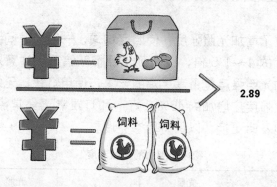

31 怎样给鸡舍消毒？

鸡舍的消毒应按清扫→冲洗→喷洒消毒→熏蒸消毒的步骤进行。清理鸡舍内鸡粪后再彻底清扫鸡舍，包括顶棚、死角、鸡舍四壁、地面等。用高压水枪对鸡舍顶棚、死角、墙壁、地面等进行彻底冲洗，使鸡舍内不得存有灰尘、蜘蛛网等。网架的底面不得残存鸡粪，使舍内真正达到清洁。选用 2%～3% 的火碱水（不能用于金属制品）、甲醛（用水 1∶1 稀释后直接喷洒）、10% 的石灰水等喷洒鸡舍。喷洒的顺序是：地面→顶棚→墙壁→设备→地面。喷洒消毒必须坚持消毒→干燥鸡舍→再消毒→再干燥鸡舍的步骤，以保证取得较好的效果。

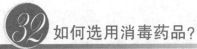 如何选用消毒药品？

　　常用的消毒药品有百毒杀、碘伏、火碱、过氧乙酸、威力碘、高锰酸钾、福尔马林等，这些消毒药品可交替使用。饮水消毒选高锰酸钾、百毒杀、碘伏等；地面消毒选石灰乳、火碱等；消毒池消毒选火碱等；饲养

设备消毒选漂白粉、过氧乙酸、新洁尔灭等；带鸡消毒选过氧乙酸、百毒杀、碘伏、农福等。

 怎样对鸡舍进行甲醛熏蒸消毒？

甲醛熏蒸消毒操作方法如下：等喷洒消毒干燥后，将鸡舍门窗、通风孔封闭，使舍内温度升至25℃以上，相对湿度60%以上。对于新鸡舍，可按每立方米空间用高锰酸钾14克、福尔马林28毫升的药量进行熏蒸；对于已养过鸡但未发生过烈性传染病的鸡舍，可按每立方米空间用高锰酸钾20克、福尔马林40毫升的药量进行熏蒸；对于曾发生过传染病的鸡舍，可按每立方米空间用高锰酸钾25克、福尔马林50毫升的药量进行熏蒸。将上述药物准确称量后，先将高锰酸钾轻轻放入瓷盆中，再加等量的清水，用木棒搅拌至高锰酸钾均匀受潮，然后小心地将福尔马林倒入盆中，操作员迅速撤离鸡舍，关严门窗。熏蒸24小时以后，打开门窗、天窗、排风孔，将舍内气味排净。消毒工作完成后，鸡舍应关闭，避免闲杂人员入内。

 养鸡设备和用具如何清洗消毒？

(1) 料槽、饮水器

先用水冲洗，洗净晒干后再用0.1%新洁尔灭刷洗消毒。在鸡舍熏蒸前放入鸡舍，再经熏蒸消毒。

(2) 蛋箱、蛋托

反复使用的蛋箱和蛋托，特别是送到销售点又返回的蛋箱携带传染病原的可能性很大，必须严格消毒。用2%火碱水热溶液浸泡与洗刷，晾干后再送鸡舍。

(3) 运鸡笼

应在场外设消毒点，运回的鸡笼冲洗晒干再消毒后方可进入鸡舍。

 科学的免疫方法有哪几种？如何操作？

免疫接种的方法有滴鼻、点眼法，肌肉注射法，皮下注射法和饮水接种法。每种方法的具体操作步骤为：

(1) 滴鼻、点眼法

将 500 羽份的疫苗用 25 毫升生理盐水稀释，摇匀后用滴管（也可用眼药水瓶）在鸡的眼、鼻孔各滴一滴（约 0.05 毫升），让疫苗液体进入鸡气管或渗入眼中。注意堵上另一侧鼻孔，以利于疫苗吸入，点眼要待疫苗扩散后才能放开鸡只。此法适合雏鸡的鸡新城疫Ⅱ、Ⅲ、Ⅳ系疫苗和传染性支气管炎、传染性喉气管炎等弱毒疫苗的接种。

(2) 肌肉注射法

按每只鸡 0.5～1 毫升的剂量将疫苗用生理盐水稀释，用注射器在鸡腿、胸或翅膀的肌肉处注射。注射部

位要避开大血管和神经，在肌肉丰满处刺入。此法适合于鸡新城疫Ⅰ系疫苗及禽霍乱毒苗或灭活疫苗。肌注接种时，要备足针头，常换针头，最好1只鸡用1个针头。要注射在肌肉浅层，进针方向要与胸肌呈15°～30°，用7号短针头。

科学的免疫方法

（3）皮下注射法

皮下注射法适合鸡马立克疫苗的接种。将1 000羽份的疫苗用200毫升专用稀释液稀释，注射时，捏起鸡颈背部皮肤，将注射器刺入皮下，注入0.2毫升疫苗。常换针头。

（4）饮水接种法

此法适合鸡新城疫Ⅱ、Ⅳ系疫苗和传染性法氏囊等弱毒疫苗的接种。将饮水器冲洗干净，再用冷开水冲洗一遍。用冷开水、晒过的自来水或深井水稀释疫苗，疫苗用量较其他接种方法加倍，并在饮水中加入0.2%的脱脂奶粉。不得用金属器具盛水，疫苗水应控制在1～2小时内饮完，免疫前鸡群必须断水3～4小时。饮水器数量足以使鸡群能同时饮用，并且摆放合理。

 如何制订蛋鸡的免疫程序？

在蛋鸡的疫病防控上没有一成不变的免疫程序，养鸡场要根据本地区的疾病发生情况及检测条件制订自己的免疫程序。蛋鸡的推荐免疫程序见下表：

蛋鸡推荐免疫程序

免疫时间 （日龄）	疫苗种类	免疫方法
1	鸡马立克疫苗	皮下注射
5	鸡肾型传染性支气管炎H120疫苗	饮水或滴鼻点眼
6	鸡肾型传染性支气管炎油苗	皮下注射
9～10	鸡新城疫Ⅳ疫苗2次	饮水
14	传染性法氏囊疫苗	饮水
24	鸡新城疫Ⅳ疫苗	饮水或滴鼻点眼
25	鸡新城疫油苗	皮下注射
28	传染性法氏囊疫苗	饮水

（续）

免疫时间（日龄）	疫苗种类	免疫方法
30	鸡传染性鼻炎油苗	皮下注射
35	鸡产蛋下降综合征 5 号苗	皮下注射
40	鸡传染性喉气管炎苗	饮水
70	鸡新城疫Ⅳ疫苗	饮水或滴鼻点眼
75	鸡肾型传染性支气管炎 H52 疫苗	饮水
80	鸡传染性喉气管炎苗	饮水
110	鸡传染性喉气管炎苗	肌肉注射
115	鸡产蛋下降综合征 5 号苗	皮下注射
120	鸡新城疫-产蛋下降综合征联苗	皮下注射

 37 南北方气候各适合饲养哪种肉鸡？

　　南方主要饲养出栏快、不适宜加工冷冻的肉用型品种，而北方则以饲养周期长的蛋用型品种为主。

　　目前我国饲养的肉用型品种主要分为两大类型。一类是快大型白羽肉鸡（一般称为肉鸡），另一类是黄羽肉鸡（一般称为黄鸡，也称优质肉鸡）。

快大型白羽肉鸡　　　　　　　　　黄羽肉鸡

　　我国的白羽肉鸡品种全部从国外进口，以引进祖代为主。目前引进品种主要来自三大育种公司，分别是美国科宝（艾维茵）、美国安伟捷（罗斯、爱拔益加）、法国哈巴德。

　　地方品种有浦东鸡、溧阳鸡、固始鸡、文昌鸡、北京油鸡等。培育品种有优质型"仿土"黄鸡、中快型黄羽肉鸡、快速型黄羽肉鸡以及矮小节粮型黄鸡。引入品种目前有矮脚黄鸡、安卡红鸡和狄高肉鸡等。

 肉鸡有什么样的免疫程序？

　　肉鸡的推荐免疫程序见下表：

肉鸡推荐免疫程序

免疫时间（日龄）	疫苗种类	免疫方法
7	鸡新城疫疫苗	滴鼻或点眼
14	传染性法氏囊疫苗	饮水或滴口（2倍量）
21	鸡新城疫疫苗	饮水（2倍量）
28	传染性法氏囊疫苗	饮水（2倍量）

 夏季饲养肉鸡的防暑降温措施有哪些？

　　夏季天气炎热，饲养肉鸡的管理要点是防止热应激。防暑降温措施主要有：

　　（1）在屋顶上铺草或树枝，增加屋顶隔热；外墙可结合消毒，用石灰水刷白；

（2）合理安排风扇，加快舍内空气流动速度；

（3）降低垫料厚度，让鸡尽量贴近地面，及时更换潮湿垫料，降低舍内湿度；

（4）向鸡舍屋顶、外墙间歇喷水，以促进鸡舍降温；

（5）在饮水中加入 300～500 毫克维生素或 200～800 毫克碳酸氢钠等电解质；

（6）天气闷热时，将料桶吊起来，较凉快时喂料；

（7）降低饲养密度至 6～8 只/米²。

冬季饲养肉鸡应该注意哪些问题？

冬季外界气候寒冷，防寒保暖是要点。

（1）减少屋顶散热，舍内无顶棚时应用塑料薄膜吊制临时顶棚；

（2）鸡舍门口使用棉门帘，以防止门缝、墙角等处有贼风吹入；

（3）使用天窗通风；

（4）采用地面平养时可增加垫料厚度1～3厘米；

（5）在鸡舍中段育雏，两端留有预温带；

（6）合理安装炉子，增加供热量；

（7）在保温的同时，可适当进行换气，并严防煤气中毒；

（8）进雏前3天，开始预热鸡舍，保证进雏时鸡舍温度适宜。

 如何预防肉鸡猝死症？

肉鸡猝死症是一种不明病因、突然引起肉鸡死亡的病症。预防该病主要应注意以下几点：

（1）提高发病鸡群日粮蛋白质水平，每吨饲料中再添加0.2克生物素；

（2）饮水中添加一定量的水杨酸钠，有助于减少猝死；

（3）在配饲料时减少碳水化合物，增加植物脂肪，可降低发生率；

（4）加强饲养管理，减少各种刺激，控制鸡群密度，并注意鸡舍的通风换气。

 肉鸡出售前应做好哪些工作？

（1）肉鸡出售前8小时开始断料，将料桶中的剩料全部清除，同时清除舍内障碍物，平整好道路，以备抓鸡。

（2）提前准备，将鸡逐渐赶到鸡舍一端，把舍内灯光调暗，同时加强通风。

（3）将鸡分成若干群以方便抓鸡。抓鸡时，应用双手抱鸡，轻拿轻放，严禁踢鸡、扔鸡。装筐时应避免鸡只仰卧、挤压，以防压死或者受伤。

（4）装好鸡的笼子应及时装车送往屠宰场。夏季时，车上应当洒水，以降低鸡群环境温度；冬季时，车前侧用苫布遮盖挡风，以防鸡被冻死、压死。

养　牛

如何选择肥育用架子牛？

选择肥育用架子牛应从健康状况、体形以及遗传素质等方面考虑，基本要领可归纳为三点：一看，二触，三选择。

(1) 一看

看牛的健康状况，外表上看应该精神、有力、活泼，被毛光亮、无眼屎、鼻唇镜湿润，排便正常，腹部不膨大。

一看

(2) 二触

摸摸牛体、提提牛皮，看牛的被毛是否柔软细密，牛皮是否松弛不紧绷。

(3) 三选择

选择月龄相称，身体各部位匀称，头不算太大，前腿、前胸宽而有力，体高而且蹄子健康的牛。

总之，架子牛一般应选择 3～4 月龄、发育正常、体型匀称、体质好的犊牛。

二触　　　　　　　　　　三选择

 运输架子牛过程中有哪些注意事项？

架子牛在运输时要避免运输时间太长、运输前喂得太饱、牛群密度过大。到达目的地后不要立即饮水，待充分休息后（3～4 小时）再提供温水（夏天饮凉水）。供给优质的粗饲料自由采食，精料的饲喂要看排粪情况，而且只能供给体重 1% 的量，以后逐渐增加。为了恢复运输途中的消耗，可以喂维生素 A 或营养剂。连续注射抗生素 2~3 天，预防疾病发生。

到达目的地后，充分休息 3-4 小时再供水！

 高档牛肉生产有哪些技术要点？

所谓高档牛肉的生产技术就是在牛不同的生长阶段，供给不同的饲料和营养饲养体系：育成期间，粗饲料，消化器官快快长；育肥前期，配合料，肌肉生长快起来；育肥后期，能量料，肌间脂肪沉积好。

(1) 育成期（4~12 月龄）

育成期是牛骨骼、内脏等组织发育的活跃时期，供给的粗饲料含量要达到 14%～16%，其干物质总可消化养分应达到 68%～70%，精料补充料按体重的 1.2%～1.5%限制供给。在此期间，应限制精料饲喂量，增大粗饲料的供应量。粗饲料的刺激使牛的反刍胃和消化器官充分发育，也使体格和骨骼发达起来，为后期的育肥效果打下基础。育成期多喂粗饲料、限制配合饲料，也可避免内脏、肌肉和肌肉之间以及背部和腹部，过早、过多地沉积脂肪，从而提高肉的等级。

（2）育肥前期（13～18 月龄）

育肥前期是指 13 月龄（体重 300 千克）至 18 月龄（体重 450 千克）的这一时期。这个时期以粗饲料为主的育成架子牛开始育肥，肌肉和脂肪不断增加。育肥前期是育成期限制饲喂的补偿增重最高的时期。为了使肌肉和脂肪均匀增长，要进行限饲，供给饲料中粗蛋白质含量 11%～12%，可消化养分总量 71%～72%，配合饲料的饲喂量是体重的 1.72%～1.8%。

（3）肥育后期（19 月龄至出售）

肥育后期要饲喂高能饲料，饲料中可消化养分总量

肥育后期（19 月龄至出售）

达到 72%～73%，后期粗饲料和配合饲料都可采用自由采食。后期供给大麦饲料，可提高肉的脂肪度，且脂肪色泽发白；粗饲料常用干草或稻草，不宜饲喂青贮饲料或青草。

 如何确定育肥牛的出栏时间和出售方法？

(1) 出栏最适期

一般来说，以高档肉生产技术饲养的牛，肌内脂肪含量直线上升一直到 24 月龄为止，因此，24 月龄为较合适的出栏时间。但饲养者的技术水平以及饲料费用等随市场波动的因素也应该综合考虑，在牛价下降、收入

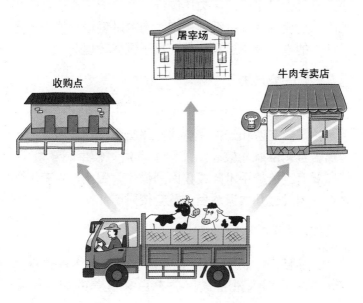

减少时，出售体重小一些的；相反，牛价上升时，出售体重大一些的。

(2) 出售方法的选择

现在普遍的方法是按活重卖给肉牛商。但如果育肥得好，出肉率高，按出肉率和副产品价格区分进行结算比较划算。另外，也可以发展以畜—宰—消为主体的高档肉生产模式，饲养者可以把高档肉直接卖到高档肉专卖店，创建自己的牌子。

 什么是去势？方法有哪些？

去势，也就是阉割，是提高牛肉肉质的一种有效方法，通过去势可以提高肉质等级。去势除了能使育肥牛肌内脂肪度增加、肌纤维变细、肉的嫩度增加外，还可以使牛的性格变得温顺，从而易于饲养管理。

(1) 去势方法

去势通常有三种方法：皮筋法、无血去势法和外科手术法。皮筋法和无血去势法操作简单、易掌握，但牛较痛苦且刺激时间较长。外科手术法对犊牛刺激最小，但需要有经验的手术师或兽医师操作，因此，也有不便之处，但经过几次锻炼后，就会较熟练。

(2) 去势的时间

一般情况下，去势的月龄越小越好，体重越小越好，在哺乳期内进行最好。农户家里养的犊牛可在

2～3 月龄时去势；育肥场的犊牛应在 3～4 月龄时去势。

 怎样给犊牛灌服初乳？

犊牛初乳灌服技术就是利用灌服器让新生犊牛在出生后半小时内吃到初乳，以提高机体免疫力，从而达到提高犊牛成活率的目的。此技术在石家庄试验站使用效果很好，实验牛体重和体高有明显上升，而且实验牛没有发生任何免疫性疾病，更没有死亡现象。鉴于此，可推广该技术以提高犊牛成活率。

（1）灌服时间

初生犊牛最好在出生半小时内吃到初乳，最晚不能超过 1 个小时。

(2) 灌服量

第一次饲喂初乳的量按犊牛初生重的 1/10 计算，如犊牛初生重为 20 千克，则初次饲喂初乳量为 2 千克。以后每天饲喂 3 次，连续饲喂 3 天，每次饲喂量不能超过犊牛体重的 10%。

(3) 灌服方法

采用灌服饲喂犊牛，第一次饲喂时使用初乳灌服器，之后每次饲喂时采用常规方法，用奶瓶灌服即可。

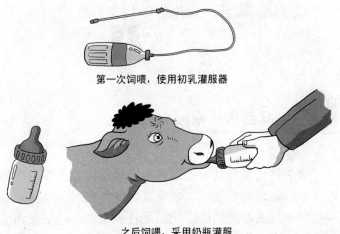

第一次饲喂，使用初乳灌服器

之后饲喂，采用奶瓶灌服

49 养牛户如何确定其经营方式和规模？

目前制约肉牛业持续、健康发展的主要问题是基础母牛数量的迅速下降和牛肉品质问题。在肉牛养殖中，只有母牛数量达到存栏总数的 40％才能确保产业的良性发展。可以说，母牛不仅是肉牛产业发展的根本，也是牛肉价格的调节器。目前，国家也出台了能繁母牛的补贴政策。有条件的地区也为规模养殖和母牛饲养的农户与企业提供信贷扶持，如放宽贷款额度、降低贷款利率等。因此，在资金允许的情况下，可考虑投资中、小规模的母牛养殖场，小规模一般为 20～30 头，中等规模为 30～50 头。提倡以农户为单位的"种养结合"生产方式和"自繁自养"的肉牛养殖模式，以建立高档牛肉生产基地为目标，为"公司＋农户"的高档牛肉生产经营模式奠定良好的基础。

从我国的资源禀赋特点出发，以小型规模化农户为单位实行种养结合的方法值得推广。肉牛养殖所需饲草饲料可以由自家种植来解决，降低饲草饲料的生产成本和交易成本，劳动力也来源于自家，牛粪可用于给自家农田施肥，牛犊来源于自家母牛。

从风险和利益的双重角度来讲，规模越大利益就越大，但同时风险就越大。牛的生产周期比较长，一头牛从出生到成年、配种、产犊，至少需要两年半的时间，再加上每头牛投资成本高，前期投资较大，而且需要的流动资金较多，资金收回时间较长，所以投资时一定要慎重考虑，建议以中、小规模经营为主。

  使母牛同期发情的常用方法有哪些？

(1) 一次前列腺素法

肌肉注射前列腺素及类似物是最简便的同期发情方

法，前列腺素 2α（PGF$_{2\alpha}$）的用量为 20～30 毫克，原始
生殖细胞（PGC）的用量为 400～600 微克。

（2）二次前列腺素法

由于前列腺素对母牛排卵后 5 天内的黄体无溶解作
用，一次处理仅有 70% 的母牛有反应，因此采用间隔
11～12 天两次用药的方法，可获得更高的发情率。

（3）孕激素阴道栓法

使用特制的放置器将阴道栓放入阴道内，先将阴道
栓收小，放入放置器内，将放置器推入阴道内顶出阴道
栓，退出放置器即完成。

（4）前列腺素结合孕激素处理

该法是先用孕激素处理 7 天，结束处理时肌注
PGF$_{2\alpha}$。同期发情处理结束时，给予 3～5 毫克卵泡刺激
素（FSH）、700～1 000 单位孕马血清促性腺激素
（PMSG）或 50～150 微克促性腺激素释放激素类似物
（LRH－A$_3$），可提高处理后的发情率和受胎率。

如何提高母牛繁殖力？

（1）积极治疗繁殖机能障碍

对异常发情、产后 50 天内未见发情的牛，应及时
进行生殖系统检查，对确诊患有繁殖机能障碍的牛及时
进行治疗。

（2）提高母牛受配率、受胎率

定期清群，治疗或淘汰各类发情异常或劣质母牛，抓好母牛膘情，做好发情鉴定和适时配种工作，减少或避免漏配、失配和误配，提高母牛受配率。抓好犊牛按时断奶工作，促进母牛性周期活动和卵泡发育，使母牛能提早发情，提高受配率。

（3）防止流产

对妊娠 5 个月的母牛要精心饲养，禁止饲喂发霉、腐败和变质的饲料。加强管理，熟知母牛的配种日期和预产期，防止踢、挤、撞母牛。

如何进行秸秆氨化？

氨化是处理秸秆的重要方法，具有成本低、投资少、操作方法简便等特点；具有能改善粗饲料的适口

性、增加动物采食量、增加饲料中氮含量、提高饲料营养价值、提高动物增重速度、降低饲养成本等优点。秸秆氨化通常使用尿素或碳酸氢铵作为氨化剂。具体方法为：氨化剂的用量一般为按干秸秆重尿素5%、碳酸氢铵10%，用水溶解，均匀地喷洒在秸秆中，秸秆含水率以40%左右为宜。氨化窖应建在地势高、干燥、排水良好的地方，建成长2米、宽1.5米、深1.2米的水泥窖，要求窖壁不漏气，窖底不漏水。填装时，一层一层装入秸秆并铺平，然后边铺边用泥压实，用尼龙薄膜封严。氨化时间随气温而定，低于5℃，4~8周；5~15℃，2~4周；15~30℃，1~2周；高于30℃，1周以下。放氨处理：秸秆氨化后在饲喂前要开垛放氨，取出氨化好的秸秆，放置在阴凉通风的院内或草棚里1~2天，每天翻动几次，没有刺激性氨味即可饲用，注意不能过干。每次取料后，要密闭封严，避免塑料布漏气，漏气使秸秆发霉变质，切忌饲喂发霉或腐烂的氨化秸秆。

53 如何制作半干青贮饲料？

半干青贮又叫低水分青贮。在青饲料刈割后进行预干，使原料水分含量降到 40%～60%，植物细胞液变浓，细胞质的渗透压增高，可高达 50～60 个大气压。在这样的条件下，腐败菌、丁酸菌和乳酸菌的生命活动接近于生理干燥状态而被抑制，不能生殖，发酵不能进行，从而使养分保存下来。半干青贮比一般干草青贮能保留较多的蛋白质和维生素，干物质损失也少，使青贮料的品质提高。其技术要点为：

(1) 应适时刈割

禾本科在孕穗期刈割，豆科则在初花至盛花期刈割，可适当推迟。应在含水量较低且天气晴朗时收割。

（2）调节水分

青绿饲料刈割后需要预干，将含水量调节至40%～60%。

（3）铡短

一般铡成 1.5～3.5 厘米长。

（4）装填方法和速度

以青贮壕装填为例，原料装填应从壕一头的两个角开始，分段进行，装满一段再装下一段。在装填完的部分及时盖上结实的塑料布和适量的重物。分段装填比分层装填（每层只装 0.5～0.6 米厚）的青贮效果好。

（5）密封严实

装填过程的压实要求比一般青贮高，越实越好。压实后，及时密封。一般密封 45 天以上，可开窖取用。

 如何制作玉米青贮饲料？

（1）青贮窖准备。对旧窖进行修补整理，清理杂物、剩余原料和脏土。土窖应在窖底、四壁铺衬塑料薄膜。

（2）原料收获。全株玉米青贮一般在玉米乳熟后期或蜡熟期收割，玉米秸秆青贮在玉米收穗后尽快收割，以有一半绿色茎叶时收割为宜。

（3）用机械将原料切成 2～3 厘米长，且玉米破节率 75% 以上。

(4) 每填装 30 厘米厚，随即用机械压实，注意压实四个角落。

(5) 水分控制在 60%～70%。通常全株玉米不需要加水，玉米秸秆青贮则需加一定量的水。

(6) 原料快装满时，在四壁铺衬大小足以将青贮窖覆盖的塑料布。

(7) 当原料填装到高出窖口 50 厘米以上时，覆膜盖严。小型青贮池覆膜后再覆土 20～30 厘米封窖。大型青贮池覆膜后，可覆压轮胎等重物封窖。

 如何制作苜蓿青贮？

苜蓿青贮的制作包括窖贮和包膜青贮两种。两种制作方法都要求原料含水率达到 45%～55%，需密闭无

氧，最佳温度为 20～30℃，最高不超过 38℃。青贮池（窖）贮存制作步骤为：

（1）在现蕾至初花期（20%开花）进行收割。

（2）晾晒 12～24 小时，通常早晨收割，下午制作，或下午收割，第二天早晨制作。

（3）用铡草机将苜蓿切成 2～5 厘米长。

（4）填装入青贮池（窖）。填装大约 50 厘米厚，摊平，用农用机械压实（特别要注意靠近窖壁和拐角的地方），并在上面均匀铺撒青贮饲料添加剂。

（5）逐层装填、压实，至高出池面 20～30 厘米，上铺塑料薄膜，覆土 20～30 厘米密封。

（6）管理。窖口防止雨水流入及空气进入，在青贮池（窖）四周应有排水沟或排水坡度。

包膜贮存制作过程：苜蓿适时收割、晾晒、铡短后，先用打捆机压制成形状规则、紧实的圆柱形草捆，再用裹包机将草捆用塑料拉伸膜紧紧包裹、密封。

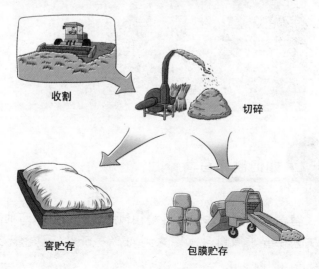

收割　切碎　窖贮存　包膜贮存

56 如何加工全混合日粮？

全混合日粮（TMR）是按照专家设计的日粮配方，用专用搅拌机械或人工方法，将粗料、精料、添加剂等日粮均匀混合，供肉牛自由采食的一种营养平衡日粮。全混合日粮应用中，需定期评定肉牛体况，按不同生长阶段对肉牛进行分群。

机械加工制作全混合日粮的方法和步骤如下：

（1）原料填装

立式 TMR 搅拌车的原料填装顺序为干草、青贮饲料、农副产品和精饲料。卧式 TMR 搅拌车的原料填装顺序为精料、干草、青贮、糟渣类。通常，适宜装载量占总容积的 60%～75%。添加原料过程中，防止铁器、石块、包装绳等杂物混入搅拌车。

（2）原料混合

采用边投料边搅拌的方式，通常在最后一批原料加完后再混合 4～8 分钟。原料混合的原则是确保搅拌后的日粮中长于 4 厘米的纤维粗饲料占全日粮的15%～20%。

人工制作方法是由人工将配制好的精饲料与定量的粗饲料（干草应铡短至 2～3 厘米）多次掺拌至混合均匀。加工过程中，应视粗饲料的水分含量加入适量的水（最佳水分含量为 35%～45%）。

57 养殖场玉米的最佳利用方法是什么？

在肉牛饲料中玉米用量一般占到饲料总量的一半以上。我国肉牛养殖长期以来一直是将玉米粉碎成玉米面后与其他饲料原料混合进行饲喂，但这种方式不是玉米的最佳利用方法。发达国家普遍使用压片玉米。与玉米面相比，压片玉米能提高饲料利用率。高水分玉米湿贮是新发展起来的贮存技术，可减少干燥等成本，而且能提高玉米的利用率。全株玉米青贮不仅可提高玉米的利用率，还使玉米秸秆的利用率显著提高。

从我国养殖生产实际看，由于压片、湿贮和全株青贮都需要专门的机械，未来很长时间内玉米面仍将是主要的利用方式。如将玉米加工方式由玉米面改成粗粉碎可提高 10% 左右的利用率，同时降低加工成本，推荐用7～10目筛进行粉碎。在养殖数量不多，人工允许时对玉米面用热水预浸泡可进一步提高利用率。

 如何选择淘汰奶牛进行育肥？

由于奶牛遭淘汰的原因很多，情况较为复杂，因此不是所有的淘汰奶牛都适合育肥，应按照标准进行选择：

8岁以下

体型大、食欲强

身体健康

(1) 年龄

经产牛（不超过6产）应在8岁以下，年龄过大不适合育肥。

(2) 体型外观

要求体型大、食欲强、背腰平直、四肢强健，能耐

受增加的体重负担。瘦弱、体型小、弓腰、塌背或神经质的牛不适合育肥。

(3) 健康

一定要来自非疫区，无任何传染病，引进时要有当地兽医部门的检疫证明。重度乳房炎、重度肢蹄病、采食困难、患有难以治愈的胃肠道疾病或全身性疾病的牛不适合育肥。

 如何提高犊牛的成活率？

(1) 吃足初乳

初生犊牛应饲喂初乳 5～7 天。初乳可在 -20℃下冰柜保存，饲喂前用 60℃温水解冻。最好购买出生两周以后的犊牛，已经具备了一定抗运输应激和抵抗疾病侵袭的能力，成活率高。

(2) 定时定温喂乳

每天定时饲喂牛乳 2～3 次，水浴加热至 39～42℃。饲喂牛乳的温度非常重要，食用低于 38℃的牛乳，犊牛易发生腹泻。

(3) 合理饲喂

哺乳期犊牛最好用奶瓶或带有奶嘴的特制奶桶喂乳，保证犊牛前期食管沟闭合完全，预防犊牛肚胀。群养时要按大小分群，以便对每一头犊牛的采食量进行总量控制，同时便于管理。

(4) 做好卫生与消毒

饲喂器皿每次用完进行清洗和消毒。每天早、晚两次刷拭牛体，保持牛体清洁。牛圈 3 天消 1 次毒，每天清 1 次粪。

(5) 科学饮水

自由饮水，保证水质清洁。15 日龄内饮温水，冬季水温保证在 15 ℃以上。

(6) 做好温度和环境控制

圈舍要冬暖夏凉，温度保持在 15 ℃左右，通风良好，保持舍床干燥。

育肥牛的饲料为什么要尽量保持稳定？

肉牛与猪、禽最大的不同在于拥有功能特殊的瘤胃。瘤胃内含多种微生物，是肉牛消化、利用玉米秸秆等粗饲料的基础。瘤胃内微生物的种类和数量只有保持稳定才能保证肉牛健康。如果饲料改变过快或过于频繁，轻则会使肉牛的食欲和饲料利用效率下降，重则会引起拉稀、瘤胃胀气等代谢疾病。如因肉牛体重变化、饲料配方调整等确需更换饲料，应采取逐渐更换的办法，每天以新料替代部分旧料，用 5~7 天的时间过渡。在饲料更换期间，要求饲养管理人员勤观察，发现异常应及时采取措施，尽量减少因更换饲料带来的经济损失。

61 肉牛散养哪种方式比较好？

　　散养是散栏饲养，在一个圈内饲养数头或数十头牛。散养的好处是牛一定程度上能自由活动、患病率较低、节约人工，但需要较大的养殖用地。TMR 围栏育肥模式是 2011 年新开发的一种现代化模式，投资少，效率高。没有牛舍，8 人（场长 1 人、饲养员 3 人、兽医 1 人、保安 3 人）育肥 6 000 头。把牛围在数百个小栏内，每个小栏内放养 10 头，全场用 1 台 TMR 机喂料。这种模式公牛不去势、不拴系，生长速度不受活动空间的影响，几乎无病患。固定资产投资极少，当年投资，当年产生收益。这种模式适合气候较为干燥、架子牛源比较充足的地区。在南方土地资源和架子牛源充足的地区可以实行类似的散养，只要在喂料走廊和走廊两侧一个牛位长的跨度上建上顶棚防雨即可。不去势公牛的散养密度条件是 15 米²/头以上，每栏内牛的月龄、体重相近，这样可以避免争斗。

62 怎样识别健康牛与患病牛？

(1) 看牛眼

健康牛眼睛明亮有神、洁净湿润；病牛眼睛无神，两眼下垂不振，反应迟缓，流眼泪，有眼屎。

(2) 看牛耳

健康牛双耳常竖立而灵活；病牛低头垂耳，耳不摇动，耳温高或耳尖凉。

（3）看毛色

健康牛被毛整洁有光泽，富有弹性；患病牛被毛蓬乱而无光泽。

（4）看反刍

无病的牛每次采食 30 分钟后开始反刍 30～40 分钟，一昼夜反刍 4～6 次；病牛反刍减少或停止。

（5）看动态

无病的牛活动自如，休息时多呈半侧卧势，人一接近即行起立；病牛食欲减退，反刍减少，放牧常常掉群卧地，出现各种异常姿势。

（6）看大小便

无病的牛粪便比较干硬，无异味，小便清亮无色或微带黄色，并有规律；病牛大小便无规律，大便或稀或干甚至停止，小便黄或带血。

养　羊

63 怎样鉴定羊的年龄？

不同年龄羊的生产性能、体型体态、鉴定标准都有所不同。现在比较可靠的年龄鉴定法仍然是牙齿鉴定。因为牙齿的生长发育、形状、脱换、磨损、松动有一定的规律，利用这些规律，可以比较准确地进行年龄鉴定。成年羊共有 32 枚牙齿，上颌有 12 枚，每边各 6 枚，上颌无门齿；下颌有 20 枚，其中 12 枚是臼齿，每边 6 枚，8 枚是门齿，也叫切齿。利用牙齿鉴定年龄主要是根据下颌门齿的发生、更换、磨损、脱落情况判断。羔羊一出生就长有 6 枚乳齿，约在 1 月龄 8 枚乳齿长齐，1.5 岁左右乳齿齿冠有一定程度的磨损，钳齿脱落，随之在原脱落部位长出第一对永久齿。2 岁时内中间齿更换，长出第二对永久齿。约在 3 岁时，第四对乳齿更换为永久齿。4 岁时，8 枚门齿的咀嚼面磨得较为平直，俗称齐口。5 岁时可以见到个别牙齿有明显的齿星，说明齿冠部已基本磨完，暴露了齿髓。6 岁时已磨到齿颈部，门齿间出现了明显的缝隙。7 岁时缝隙更大，出现露孔现象。为便于记忆，总结顺口溜如下：

> 一岁半，中齿换；到两岁，换两对；
> 两岁半，三对全；满三岁，牙换齐；
> 四磨平，五齿星，六现缝，七露孔；
> 八松动，九掉牙，十磨尽。

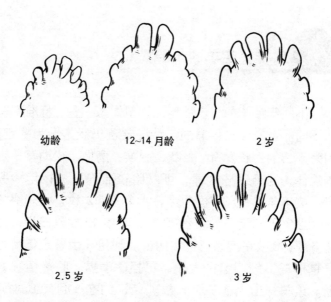

| 幼龄 | 12~14 月龄 | 2 岁 |

| 2.5 岁 | 3 岁 |

64 如何进行母羊的发情鉴定？

发情鉴定便于及时掌握配种或人工授精时间、减少误配漏配、增加受胎率与产羔率。肉羊的发情鉴定主要有 3 种方法：

（1）试情法

每天早晚各 1 次定时将试情公羊放入母羊群中。当发现试情公羊用鼻去嗅母羊、用蹄去挑逗母羊、爬跨到母羊背上，而母羊站立不动或主动接近公羊时，可以判断该母羊是发情母羊。此时，要立即将发情母羊分开饲养以备配种。

● 注意　试情时间以 1 小时左右为宜；试情地点要平整，便于观察和赶出发情母羊；当试情公羊放入母羊群后，要保持环境安静，可适当驱赶母羊群，使母羊不要拥挤在一起。

(2) 外部观察法

是目前鉴定母羊发情的常用方法，主要从观察母羊外部表现和精神状态来判断。母羊在发情时表现为兴奋不安、食欲减退、反刍停止、大声鸣叫、摇尾、外阴部及阴道充血肿胀，并有少量黏液流出。

(3) 阴道检查法

这是一种较为准确的发情鉴定方法。通过开膣器检查阴道黏膜、分泌物和子宫颈口的变化情况来判断发情与否。阴道检查时，先将母羊保定好，洗净外阴，再把开膣器清洗、消毒、涂上润滑剂。配种员左手横持开膣器，闭合前端，缓缓从阴户口插入，轻轻打开开膣器前端，用手电筒检查阴道内部变化。当发现阴道黏膜充血、红色、表面光亮湿润、有透明黏液渗出，子宫颈口充血、松弛、开张、有黏液流出时，即可定为发情。检查完毕，合拢开膣器，轻轻抽出。

 如何确定母羊初情期、性成熟和初配年龄？

通常把母羊出生后第一次发情的时期称为初情期（绵羊为 6～8 月龄，山羊为 4～6 月龄），把已具备完整生殖周期（妊娠、分娩、哺乳）的时期称为性成熟时

期。母羊到性成熟时，并不等于达到适宜的配种繁殖年龄。母羊适宜的初配年龄应以体重为依据，即体重达到正常成年体重的 70% 以上时可以开始配种，此时繁殖通常不影响母体和胎儿的生长发育。适宜的初配时期也可以考虑年龄，绵羊和山羊的适宜初配年龄通常为 1～1.5 岁。

体重达到正常成年体重的 70% 以上时可以开始配种

66 什么是羔羊快速育肥技术？

羔羊断奶后育肥是羊肉生产的主要方式，一般情况下，对体重小或体况差的羔羊进行适度育肥，对体重大或体况好的进行强度育肥，均可进一步提高经济效益。这种技术较灵活，可视当地牧草状况和羔羊品种选择育肥方式，如强度育肥或一般育肥、放牧育肥或舍饲育肥等；根据育肥计划、当地条件和增重要求，选择全精料型、粗饲料型和青贮饲料型育肥，并在饲养管理上分别对待。

(1) 全精料型日粮育肥

此法只适用于 35 千克左右健壮羔羊的育肥，通过强度育肥，50 天达到 48～50 千克上市体重。

● 日粮配制　以玉米、豆粕型日粮为主。

● 饲养管理要点　保证羔羊每天每只额外食入粗饲料 45～90 克，可以单独喂给少量秸秆，也可用秸秆当垫草来满足，当垫草需每天更换。

(2) 粗饲料型日粮育肥

此法按投料方式分为普通饲槽用和自动饲槽用两种，前者是把精料和粗料分开饲喂，后者则是把精粗料混合在一起饲喂。为了减少饲料浪费，建议规模化、集约化肉羊饲养场采用自动饲槽，用粗饲料型日粮。

● 日粮配制　玉米 58.75%，干草 40%，黄豆饼 1.25%；另加抗生素 1%。此配方风干饲料含粗蛋白质 11.37%，总消化养分 67.1%，钙 0.46%，磷 0.26%，精粗比为 60：40。

● 饲养管理要点　日粮用干草应以豆科牧草为主，其粗蛋白质含量不低于 14%。配制出的日粮在成色上要一致，尤其是带穗玉米必须碾碎，以羔羊难以从中挑出玉米粒为准，常用的筛孔为 0.65 厘米。按照渐加慢换的原则，让羔羊逐步适应育肥日粮，每只羔羊日喂量按 1.5 千克标准投放。

(3) 青贮饲料型日粮育肥

此法以玉米青贮饲料为主，可占到日粮的 67.5%～87.6%。一般青贮方法不适于育肥初期的羔羊和短期强度育肥的羔羊，但若选择豆科牧草、全株玉米、糖蜜、甜菜渣等原料青贮，并适当降低其在日粮中的比例，则可用于强度育肥。用此日粮育肥将大大缩短羔羊育肥期，且育肥期日增重能达到 160 克以上。

●日粮配制　碎玉米粒 27%，青贮玉米 67.5%，黄豆饼 5%，石灰石粉 0.5%，维生素 A 和维生素 D 分别为 1 100 国际单位和 110 国际单位，抗生素 11 毫克。此配方风干饲料含粗蛋白质 11.31%，总消化养分70.9%，钙 0.47%，磷 0.29%，精粗比为 67∶33。

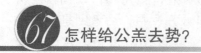

67 怎样给公羔去势？

公羔去势时间在 2～4 周龄。去势过早，因睾丸过小，去势困难，且容易患病；去势过晚，容易失血，或产生早配，生长受影响。去势要选择晴朗无风时进行。

常用的公羔去势方法：

(1) 刀切法

一人将羊保定好，让羊半蹲半仰，置于凳上，两手分别抓住羊的四条腿。术者先用碘酊消毒阴囊外部，然后一手握阴囊上方，将睾丸挤至最下方，用手握紧，一手用消毒过的手术刀在阴囊下方切口，将睾丸精索挤出并撕断。再用同样的方法切除另一侧睾丸。睾丸切除后，伤口要消毒并撒消炎粉。术后要让羔羊处于干燥处，以免刀口感染。

（2）结扎法

羔羊站立保定，先将睾丸挤在阴囊下端，再用橡皮筋套在阴囊上部，阻断其血液流通。经 10～15 天，阴囊、睾丸便自行枯萎脱落。此法操作简便，对羔羊发育影响较小，也不会感染疾病。

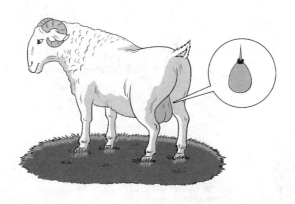

68 羊每年应该做好哪几种免疫？

对肉羊养殖者来说，每年应该配合当地兽医部门做好如下几种疾病的疫苗免疫工作：

（1）根据当地兽医部门要求选用相应的疫苗，每年注射口蹄疫疫苗 2 次。

（2）每年春、秋注射羊三联苗（羊快疫、羊肠毒血症、羊猝疽）各 1 次。不论大小，一律皮下或肌肉注射 5 毫升，注射后 14 天产生免疫。

（3）每年春季或秋季肌肉注射布鲁菌猪型2号菌苗1次，3月龄以下羔羊及妊娠羊均不注射。此疫苗免疫期为1年。

 怎样防治羔羊白肌病？

羔羊白肌病多发生于10～60日龄的羔羊。急性的往往表现为突然死亡，病程缓的表现为精神不振，消瘦，贫血，食欲减退，卧地不起，后躯摇摆、颤抖、瘫痪，心跳减缓、节律不齐，呼吸加快或困难，有较高的致死率。

对病羊肌肉注射0.2%的亚硒酸钠维生素E注射液，第一次注射1毫升，10天后再注射2毫升，可获得良好的治疗效果。在缺硒地区，可在羔羊出生后一周内注射1毫升0.2%的亚硒酸钠维生素E注射液进行预防。

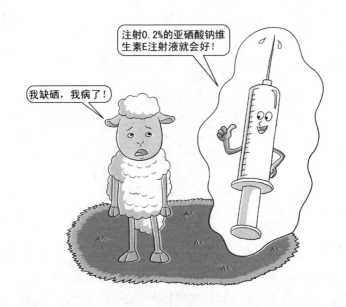

 饲喂肉羊的牧草什么时间收获最佳?

　　牧草收割时间可极大地影响其饲喂价值。牧草的生长阶段可分为茎叶生长期、开花期和种子形成期。通常，牧草的饲喂价值在茎叶生长期是最高的，在种子形成期是最低的。随着牧草的成熟，所含有的蛋白质、能量、钙、磷和可消化的营养物质降低，而纤维成分升高。由于纤维成分的增加，纤维中的木质素也相应提高。木质素不仅不能被消化，还使纤维中的碳水化合物难以被瘤胃微生物所利用，从而降低牧草的能量价值。

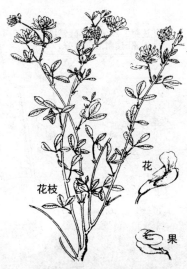

花枝　　　　　花

果

因而，用于饲喂肉羊的牧草应当在其成熟早期阶段收割，用以作为青贮饲料的玉米和高粱宜在种子形成期收获。

 **如何给羊药浴？**

药浴是防治羊体外寄生虫的一种简单而实用的方法。定期对羊进行药浴，驱杀体外寄生虫，对保证羊健康生长发育、保持较高的生产性能十分必要。

（1）选用高效、低毒的药物，并稀释到合理的浓度。常用的药浴液有：0.1%杀虫脒溶液、0.05%辛硫磷溶液、20%氰戊菊酯乳油、螨净等。

（2）药浴时间一般选择在绵羊剪毛 1 周后、山羊抓绒后，进行第一次药浴；隔 7～10 天，进行第二次药浴。

（3）药浴应选择在晴朗无风的天气进行，阴雨天、大风天、气温降低时不要药浴，以免羊受凉感冒。

（4）药浴液的温度以 20～25 ℃为宜。

（5）药浴前 2 小时不要放牧，使羊得到充分休息，饮足水，以免因口渴而饮药液中毒。

（6）大批羊进行药浴前，应先对少数羊进行试浴，如无不良现象发生，再大批进行药浴。

（7）每只羊的药浴时间大约为 1 分钟。药浴时头部会露出水面，须有专人用木棍把羊头按入药液中 2～3 次，充分洗浴头部。

（8）药浴液应现配现用，先药浴健康羊，后药浴病弱羊，药液不足时，应及时添加同浓度药液。

(9) 药液深度应保持在 0.8 米左右，以使羊体能漂浮在水中。

(10) 药浴后，使羊体上的药液自然晾干，方可放牧。

羊药浴

水 产 养 殖

72 我国淡水养殖的主要鱼类有哪些?

(1) 鲤

鲤是最普遍的淡水鱼类。我国地域广阔,由于长期的地理上和生殖上的隔离,产生了一些亚种,有西鲤(分布于额尔齐斯河、伊犁河流域)、华南鲤(分布于珠江水系和海南岛)、杞麓鲤(分布于云南)等。在长期的养殖实践中,又培育出了鳞鲤、散鳞镜鲤、德国镜鲤、锦鲤、荷包红鲤、兴国红鲤、建鲤、松浦鲤、丰鲤、荷元鲤、岳鲤、芙蓉鲤、中周鲤等。

(2) 鲫

鲫个体较小,生长速度稍慢。在我国东北一些水体中分布有一种体大、生长速度快的亚种叫"银鲫"。培育的新品种有异育银鲫、澎泽鲫、湘云鲫等。

(3) 鲢和鳙

适应性强,生长速度快,以浮游生物(主要是浮游植物)为食。

(4) 草鱼

属大型经济鱼类,适应性强,生长速度快,是典型的草食性鱼类。

(5) 青鱼

属大型经济鱼类,适应性强,生长速度快,为肉食

性鱼类。

(6) 团头鲂

属中小型鱼类，适应性强，生长速度快，为草食性鱼类。

(7) 鳗鲡

养殖的鳗鲡有日本鳗鲡、欧洲鳗鲡和美洲鳗鲡。

(8) 鳜

是我国淡水养殖的名贵鱼类，以小型鱼类为食，生长速度快。该属养殖种类还有大眼鳜、长体鳜和斑鳜等。

(9) 罗非鱼

罗非鱼为热水性鱼类，广泛分布于非洲和中东地区，共有 100 余种。在我国的养殖品种有尼罗罗非鱼、奥利亚罗非鱼、福寿鱼、奥尼鱼和彩虹鲷等。

(10) 大口黑鲈

又称"加州鲈"，为大型淡水鲈，是从美国引进的。

(11) 条纹鲈

又称"条纹狼鲈"，其个体大，生长快，对环境条件适应性强，尤其对盐度和温度适应范围广，是从美国引进的品种。

(12) 鲇

该属中的养殖种类还有大口鲇、南方鲇等。

(13) 斑点叉尾鲴

原产于美国密西西比河,食性杂,生长速度快,我国 1984 年从美国引进。

(14) 黄颡鱼

又称"嘎鱼""黄腊丁"。黄颡鱼属中还有瓦氏黄颡鱼(江黄颡鱼)、光泽黄颡鱼、长须黄颡鱼(岔尾黄颡鱼)、中间黄颡鱼等,其中岔尾黄颡鱼和瓦氏黄颡鱼为主要养殖对象。

(15) 泥鳅

泥鳅为小型淡水鱼类,分布广,多栖息于湖泊、池塘和沼泽地。泥鳅为杂食性鱼类,幼鱼阶段主要为动物食性,长大后逐渐转向植物食性。泥鳅对环境条件的适应能力极强,适于稻田粗放养殖。

(16) 鲑鳟类

鲑鳟类为冷水性鱼类,个体大,生长快,肉质好,为世界性的养殖鱼类。主要养殖种类有虹鳟、金鳟、山女鳟、硬头鳟、银鲑、大西洋鲑、高白鲑和细鳞鱼等。

(17) 鲟类

为软骨鱼类,养殖种类主要有西伯利亚鲟、俄罗斯鲟、小体鲟、施氏鲟、中华鲟、达氏鳇、杂交鲟和匙吻鲟等。

(18) 黄鳝

又称"鳝鱼"，属底层鱼类。体呈蛇形，尾尖细，头圆，肤色有青色和黄色，无鳞，体表有润滑液，并有灰色斑点。喜栖息于河道、沟渠、湖泊、稻田等处。日间钻洞穴居，夜间出来觅食，捕食各种小型水生动物。适合池塘和稻田养殖。

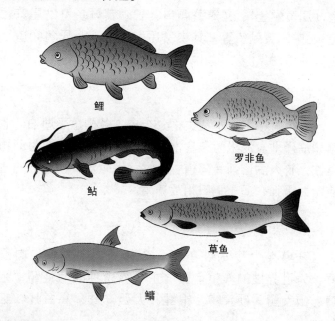

鲤

罗非鱼

鲇

草鱼

鳙

73 我国海水养殖的主要鱼类有哪些？

(1) 大黄鱼

主要分布在东海和黄海。大黄鱼生长快、适应性强，肉味鲜美，目前成为我国海水养殖的重要品种。

(2) 真鲷

俗称"红加吉"，是我国名贵的海产鱼类，现已广泛养殖。该科养殖的种类还有黑鲷、平鲷、花尾胡椒鲷等。

(3) 鲈

又称"花鲈"，是凶猛的肉食性鱼类，喜栖于河口咸淡水中下层，也可进入淡水生活。生长速度快，肉味鲜美，是目前我国北方地区海水池塘养殖的主要对象。我国南方还养殖尖吻鲈。

(4) 石斑鱼

多栖息在辽阔的热带海洋中，为珍贵的食用鱼类。在我国养殖的主要品种有青石斑鱼、鲑点石斑鱼、网点石斑鱼和赤点石斑鱼等。

(5) 眼斑拟石首鱼

俗称"美国红鱼"，主要分布于北美的大西洋沿岸海域，1997年引进我国，广泛用于网箱养殖和工厂化养殖。

(6) 褐牙鲆

俗称"牙片""比目鱼"，在我国主要分布于渤海和黄海，是目前海水工厂化养殖和网箱养殖的主要对象。鲆科中主要养殖种类还有大菱鲆（从欧洲引进）和漠斑牙鲆（从北美引进）。

(7) 黄盖鲽

俗称"黄盖""沙板""小嘴鱼",主要分布于我国黄海和渤海,是目前海水工厂化养殖和网箱养殖的重要对象。该科主要养殖种类还有高眼鲽和石鲽等。

(8) 红鳍东方鲀

俗称"河鲀""廷巴鱼",该科鱼类的肝脏、性腺和血液等有剧毒,产品主要出口日本。该属养殖对象还有假睛东方鲀和暗纹东方鲀等,后者可以在淡水中养殖。

(9) 鲻、梭鱼

鲻、梭鱼多为广温性鱼类,具有食物链短、生长快、适应性强、食性广、抗病力强等优点。目前鲻和梭鱼是我国海水养殖的主要品种。

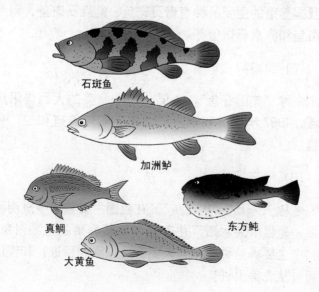

石斑鱼

加洲鲈

真鲷

东方鲀

大黄鱼

海水养殖的主要虾类有哪些?

(1) 中国对虾

又称"东方对虾""明虾"等,个体较大,生长速度快,适应能力强,属广盐性种类,是我国主要的养殖对象之一。

(2) 日本对虾

广东俗称"竹节虾",香港称"花虾",台湾称"斑节虾",日本则称"车虾"。主要分布在我国东海和南海一带,该虾适温范围广、生长快、虾体坚实,是南方沿海各地的重要养殖种类。

(3) 斑节对虾

在东南沿海和台湾称为"草虾",香港称"鬼虾",日本称"牛虾",澳大利亚称"黑虎虾",联合国粮农组织称"大虎虾"。斑节对虾是对虾中个体最大的一种,具有生长快、对盐度适应能力强、耐高温和低溶氧的特点,动物性和植物性蛋白源都能获得较好的饲喂效果。

(4) 南美白对虾

又称"凡纳滨对虾""万氏对虾""白腿对虾",原产于南美洲,是一个热带虾种,我国于 1988 年引进。它具有适盐范围广、耐密养、生长快、抗逆能力强、饲料蛋白质含量要求低（15%～20%可正常生长）的特

点。蛋白质含量达到 42% 左右时，其生长速度最快，饵料系数最低，可小于 1。

（5）刀额新对虾

又称"基围虾""沙虾""泥虾"，适应能力强、生长快，广泛栖息于沙、沙泥底质中。

（6）罗氏沼虾

又名"马来西亚大虾""淡水长臂大虾"，是一种大型的淡水虾类。原产于东南亚淡水或咸淡水交界水域，我国于 1976 年引进。它具有生长速度快、食性广、肉质好以及养殖周期短等优点。

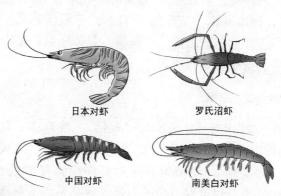

日本对虾   罗氏沼虾

中国对虾   南美白对虾

75 海水养殖的主要蟹、贝类有哪些？

（1）锯缘青蟹

简称"青蟹"，具有广温性、广盐性、杂食性、耐低溶解氧、育肥快、养殖周期短的特点。主要分布于温带、亚热带及热带海区。

(2) 梭子蟹

属大型蟹类，是我国沿海重要的养殖对象，是传统的名贵海产品。我国北方地区以三疣梭子蟹为主，南方有远海梭子蟹和红星梭子蟹等。三疣梭子蟹以其生长速度快、适应性强、经济效益好的优点，成为我国沿海地区重要的养殖对象。

(3) 河蟹

河蟹是在海水中繁殖和培育蟹苗，在淡水中长大的品种，学名为"中华绒螯蟹"。河蟹为广盐性种类，幼体阶段只能在半咸水或海水中生活，成体可耐受 0～3.5% 的盐度。河蟹是杂食性动物，偏爱动物性食物。生长伴随蜕壳来实现。

(4) 牡蛎

我国广东等地称"蚝"，福建和台湾省称"蚵"，江浙称"蛎黄"，北方称"蛎子"或"海蛎子"。养殖的品种有褶牡蛎、近江牡蛎、大连湾牡蛎、长牡蛎、太平洋牡蛎。牡蛎为滤食性贝类。

(5) 扇贝

主要种类有栉孔扇贝、海湾扇贝、虾夷扇贝，均为杂食性动物。主要滤食细小的浮游植物、浮游动物、细菌以及有机碎屑。

(6) 文蛤

文蛤是广温、广盐性的贝类，广泛分布在我国沿海地区。文蛤喜栖息在河口附近以沙为主的底质中，适宜于底播养殖。

(7) 鲍

鲍俗称"鲍鱼"，壳称"石决明"。鲍为杂食性动物，饵料以藻类为主并有少量动物。一般鲍的生长以2～4龄时较快，以后生长速度逐渐减缓。我国养殖的主要经济鲍类有皱纹盘鲍、杂色鲍、九孔鲍等。

(8) 蛤仔

蛤仔俗称"花蛤"，广泛分布在我国南北海区，生长迅速，移动性差，适应力强，生产周期短，养殖方法简便。主要养殖品种有菲律宾蛤仔、杂色蛤，均为滤食性贝类，食料以硅藻为主。

(9) 缢蛏

俗称"蛏子"等。缢蛏养殖具有生产周期短、单产高、成本低、收益大等优点。主要饵料是浮游性较弱、易于下沉的硅藻类和底栖硅藻类。

(10) 泥蚶

泥蚶是我国滩涂贝类养殖的主要品种之一。能在－2.5～40℃水温范围内生存，成蚶能在盐度1.04%～3.25%的海水中生活，生长最适宜的盐度范围是2.1%～2.55%。主要食物是底栖硅藻类。

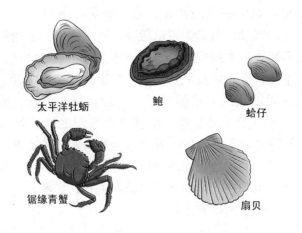

太平洋牡蛎　　　鲍　　　　蛤仔

锯缘青蟹　　　　扇贝

 选择水产养殖品种有哪些注意事项？

(1) 市场需求性

　　适应市场需求是确定养殖种类的根本依据。一是选择市场售价适中、大多数消费者都能接受、需求量大的大众化品种，如鲤、鲫、鲢、鳙等。二是选择肉质好、味道鲜美、肉嫩刺少的品种，如鳜、青鱼、团头鲂、加州鲈等。三是选择能满足多种需求的养殖品种，如既有食用价值又有观赏价值的锦鲤、淡水白鲳等，可加工增值的克氏螯虾、鳗、黄鳝、草鱼等以及具有药用价值的品种。四是选择国际市场畅销、有出口创汇潜力的品种，如罗非鱼、鳜等。

(2) 水体适应性

　　一方面，根据本地水源、水质、光照等条件选择养

殖品种。如果在水源丰富、溶氧充足、水质良好的地区，可以选择对溶氧量要求较高、不耐低氧的名贵品种进行养殖，如大规格虾、蟹、鳜等。对于缺水地区，由于换水条件差、溶解氧含量低，在选择养殖品种时，就要选择对低氧适应性强的品种，如黄鳝、乌鳢、罗非鱼、泥鳅、克氏螯虾等。具有冷水资源的地区可选择鲟、鲑等冷水鱼类养殖。另外，鱼类对水体的盐度有较高的要求，大多数淡水品种只适合在淡水中养殖，少量淡水品种也可在盐度很低的水域中生长，如罗非鱼、罗氏沼虾、淡水白鲳等品种。

（3）饵料的可获得性

不同地区所能提供的饵料有差异，必须根据当地饵料条件因地制宜地选择养殖品种。养殖的水产品大体可分为以下几种食性：浮游生物食性的鱼类，如鲢、鳙等；草食性鱼类，如草鱼、鳊、团头鲂等；底栖动物食性鱼类，如青鱼、鲤、河蟹等；杂食性鱼类，如革胡子鲇、罗非鱼、鲫等；肉食性鱼类，如鳜、加州鲈等。应根据上述几种主要食性，结合当地饵料来源选择合适的品种养殖。如完全投喂颗粒饲料，可不受食性限制。

（4）经济实力的适宜性

●经济实力　经济基础好，具有一定风险承担能力的，可选择名特优新品种养殖，如河豚、名贵观赏鱼类等；经济基础薄弱，承担风险能力不强的，可选择投资小、资金周转快的品种养殖，如常规鱼类、青虾等。

●技术实力　市场上供应少、售价高的品种，往往要求较高的养殖技术水平，如养殖肉食性鱼类需解决饵料问题、养殖狭温性鱼类要解决降温和升温问题、养殖名贵鱼类要解决溶氧和病害防治问题。技术不成熟的养殖户，一定要从大众品种养起，待积累经验后方可进行名特优新品种养殖。

(5) 合理搭配混养品种

根据养殖水域条件和种苗来源选择不同食性、不同活动水层的品种进行合理混养。目前，混养的模式较多，如常规鱼类与名特优品种混养，草食性鱼类与肥水鱼类混养，肉食性鱼类与杂食性鱼类混养，青虾与罗氏沼虾轮养，鱼、虾、蟹混养等。在选择混养模式时，应根据它们栖息的水层、食性及不同种类之间的关系加以选择，使各个品种之间没有饵料竞争关系，也没有水体空间的竞争关系。

什么样的虾苗是健康的?

（1）个体大，规格整齐，无病弱苗和死苗。虾苗的全长应达到0.8～1.0厘米。

（2）活动力强，反应敏捷，弹跳和逆水游动能力强。

（3）体色透明，不发红，肝脏呈黄褐色，胃肠食物充塞饱满，体表洁净，无附着物，尾部没有拖便。

（4）育苗过程中投喂卤虫幼体较足，虾苗生长快，变态发育正常。

（5）不携带特定的病原体，购苗前应由检疫部门检验，排除携带特定病原体的可能性。

 什么样的蟹苗是健康的?

（1）体色

健康蟹苗体色一致，呈姜黄色，稍带光泽；体色深浅不一的是劣质蟹苗。

（2）群体规格

同一批培育出的蟹苗规格整齐率达到80%～90%。

（3）活动能力

蟹苗沥干水后用手抓一把轻轻一握，然后松开，能迅速散开的为健康蟹苗；如松手后很少散开，则为劣质蟹苗。

（4）外观

步足、螯足均无损伤，体表无附着的寄生虫、杂物及藻类的为健康蟹苗。

79 什么样的鱼苗是健康的？

根据不同的养殖目的，鱼类苗种可分为鱼苗、乌仔和夏花、鱼种三种规格。

（1）鱼苗的选择

● 体色　鱼苗群体色素一致、无白色死苗、体色微黄或稍红者为强苗；鱼苗群体色素不一致（俗称"花色苗"）、带有白色死苗、苗体拖泥、体色黑带灰者为弱苗。

● 抽样检查　选择少量鱼苗放在无水处，鱼苗剧烈挣扎或头尾可弯曲扭动者为强苗；挣扎无力者为弱苗。

● 游动能力　选择少量鱼苗放在水盆中，搅动水体产生旋涡，能逆水游动者为强苗；顺水或被卷入漩涡者为弱苗。

（2）乌仔和夏花的选择

● 规格和体色　体色鲜艳、有光泽、大小一致者为强苗；体色发暗无光、变黑或变白、大小不一致者为弱苗。

● 抽样检查　把乌仔放入白瓷碗内观察，头小背厚、身体肥壮、鳞鳍完整、不停狂跳者为强苗；身体瘦弱、头大背宽、鳞鳍残缺、体色充血、很少跳动者为弱苗。

●游动情况　行动敏捷、集群游动、受惊后迅速潜入水底、不常停留水面、抢食能力强者为强苗；行动迟缓、游动不集群、在水面漫游或静止不动、抢食能力弱者为弱苗。

(3) 鱼种的选择

鱼种的优劣可采用"四看一抽样"的方法来鉴别：

●出池规格　鱼种规格均匀，通常体质较健壮。个体规格差距大，个体小的鱼种，体质消瘦，往往群体成活率低。

●体色　体色一致、体表没有病伤为壮苗。

●体表光泽　健壮的鱼种体表有一层薄黏液，用以保护鳞片和皮肤免受病菌侵入，故体表呈现一定光泽；而病弱受伤鱼种缺乏黏液，体表无光泽。

●游动情况　健壮的鱼游动迅速，逆水性强，在网箱或活动船中密集时鱼种头向下，尾朝上，只看到鱼尾在不断地扇动；否则为劣质鱼种。

不管选择哪种苗种，都要进行抽样检疫，防止有害生物带入养殖池。

 什么样的鳖苗是健康的?

●亲鳖年龄、体重　一般以2龄亲鳖体重达到1千克以上为正常亲本，3龄亲鳖体重达到2~3千克更为理想。

●规格　要求规格整齐，个体间重量不能相差太大，以免因相互争食、撕咬而影响成活和成长。

●体型　体型完整、神态活泼、肌肉丰厚、裙边厚而平滑、腹甲呈银白色有光泽为健康的鳖种；有伤、病、残，水肿，行动缓慢，腹甲有红点、白点或红斑的苗种为不健康的苗种。

● 活力能力

（1）用手指捏住鳖的后腿部腑窝处，能迅速挣扎、四肢伸蹬有力者为良种。

（2）将鳖翻仰在地面，能立即翻过来逃跑者，为健康鳖。

（3）投入盛水的塑料桶内，沉底不动或缓动者为良种；如迅速上浮并沿桶边爬行者，表示肺小体弱，不耐溺水，属弱种。

 清塘有哪些主要方法？

（1）生石灰清塘

● 干法清塘　一般每亩＊用生石灰 60～75 千克，如果塘泥较厚应酌情增加用量。清塘的方法是先将池水排低至 5～10 厘米深，然后在池底四周挖数个小坑，将生石灰倒入坑内，加水熟化，待生石灰块全部熟化后，再加水溶成石灰浆向全池均匀泼洒。最好第二天再用泥耙将池底推耙一遍，使石灰与底泥充分混合，以便改良池底淤泥的酸碱度，提高药物清塘的效果。

● 带水清塘　一般水深 1 米的池塘每亩用生石灰 125～150 千克。清塘的方法是先将生石灰块放入木桶

＊ 亩为非法定计量单位，1 亩≈667 米²。

或水缸中溶化后立即全池均匀遍洒，也可在船舱中加水全部熟化成粉状后，加水搅成浆状，进行全池泼洒。生石灰带水清塘药性消失需 7 天，经过试水对养殖对象无毒副作用方可放养鱼种。

(2) 漂白粉清塘

● 干法清塘　干法清塘每亩需要漂白粉 5 千克。使用方法为将池水排低至 5～10 厘米，将漂白粉在瓷盆内用清水溶解后，立即遍池泼洒，两天后可向池中注水，池塘注水 1 周后方可放养鱼苗。

● 带水清塘　先计算池水体积，每立方米池水用 20 克漂白粉，即 20 毫克/升的浓度。将漂白粉加水溶解后，立即全池泼洒。漂白粉加水后放出初生态氧，挥发性、腐蚀性强，并能与金属发生作用。因此操作人员应戴口罩，用非金属容器盛放，在上风处泼洒药液，并防止衣服沾染而被腐蚀。此外，漂白粉全池泼洒后，需用船或桨晃动或搅动池水，使药物迅速在水中均匀分布，以加强清塘效果。1 周后经放养少量鱼苗试水无毒副作用后放苗。

(3) 茶粕清塘

使用时先将茶粕敲成小块，放在容器中用水浸泡，在 25 ℃左右浸泡 1 昼夜即可使用。施用时再加水，均匀泼洒于全池。水深 20 厘米的池塘每亩用茶粕 26 千克，水深 1 米的池塘每亩用茶粕 45 千克。上述用量可视塘内野杂鱼的种类而增减，对钻泥的鱼类可增加一些用量。为提高效果，使用时每 50 千克茶粕可加 1.5 千克食盐和 1.5 千克生石灰。

（4）清塘注意事项

上一年（或上季）发生过暴发性病害的养殖池，清塘工作非常重要。实践证明，这些池塘若清塘不彻底，再次发生暴发性疾病的可能性非常大。对于这些养殖池必须采用物理方法和化学方法结合清塘，而且化学方法清塘更为重要。

（5）清塘步骤

清除淤泥→暴晒→泼洒生石灰或漂白粉等

什么样的水有利于鱼类生长？

"肥、活、嫩、爽"的池水是适合养殖的好水。

(1) 肥

指水体中的营养盐和溶解的有机质含量比较高，浮游生物多，易消化的藻类数量多。一般浮游植物的生物量在 20～100 毫克/升，水体透明度为 25～35 厘米，水色较浓。池水的透明度可以大致反映池水中饵料生物的多少，即池水的肥瘦，一般透明度 30 厘米左右为中等肥度的水，透明度小于 20 厘米的为肥水，大于 40 厘米的为瘦水。

(2) 活

指水色和透明度有变化。水色不死滞，随光照强度和时间不同而常有变化，这时的浮游植物常以带鞭毛能运动的种类（如膝口藻）为主。它们多为鱼类喜食且易消化的种类，具有早晨清晚上绿、早晨红晚上绿或半塘红半塘绿的特点。这些藻类是易被滤食性鱼类消化的隐藻类，大多有明显的趋光性，使水质较"活"，一日之内会出现上午透明度大、水色淡，下午透明度小、水色浓的变化。此外，每 10～15 天水色浓淡呈周期性的交替出现，这就是"旬月变化"。凡是水色会变化的水体就是"活水"，否则就有可能是"瘦水"或"老水"。

（3）嫩

嫩水是相对于老水定义的。所谓老水，是指藻类细胞老化并且蓝藻含量高的水体，这种水质含有大量老化或死亡的浮游植物，一般为黑褐色、灰白色或黄褐色，pH高达 9～10，透明度低于 25 厘米，十分有害。所谓嫩水，是指水质肥、水色鲜嫩而不老，水体中易消化的浮游植物较多，藻类处于增长期、细胞未衰老的水体。

（4）爽

指水质清爽，水面无浮膜，浑浊度较小，水色不太浓，水色均匀、不成团，透明度一般大于 20 厘米，水中含氧量较高。如果水面长期有一层不散的铁锈油膜，表明水质可能开始变老。

在养殖的过程中，要根据池水的颜色和"肥、活、嫩、爽"的水相以及养殖经验来判断池水的好坏。

 **渔用饲料有哪些种类？**

(1) 粉状饲料

粉状饲料是将原料粉碎，达到一定细度，混合均匀而成的饲料。因饲料含水量不同而有粉末状、浆状、糜状、面团状等区别。粉状饲料适用于饲养鱼苗、小鱼种以及摄食浮游生物的鱼类。粉状饲料经过加黏合剂、淀粉和油脂喷雾等加工工艺，揉压成面团状或糜状，适用于鳗、虾、蟹、鳖及其他名贵肉食性鱼类。

(2) 颗粒饲料

饲料原料先经粉碎（或预混），再充分搅拌混合，加水和添加剂，在颗粒机中加工成颗粒状饲料，可以分以下 4 种：

● 硬颗粒饲料　成型饲料含水量低于 13%，颗粒密度大于 1.3 克/厘米^3。沉性的硬颗粒直径 1～8 毫米，长度为直径的 1～2 倍，适宜养殖鲑、鳟、鲤、鲫、草鱼、青鱼、团头鲂、罗非鱼等品种。

● 软颗粒饲料　成型饲料含水量 20%～30%，颗粒密度 1～1.3 克/厘米^3，直径 1～8 毫米，软性，面条状或颗粒状。在成型过程中不加蒸汽，但需加水 40%～50%，成型后干燥脱水。草食性、肉食性或偏肉食的杂食性鱼类如草鱼、鳗、鲤和鲈等都喜欢食用这种饲料。这种饲料的缺点是含水量大，易生霉变质，不易贮藏及运输。

● 膨化颗粒饲料　成型后含水量小于硬颗粒饲料，

颗粒密度约 0.6 克/厘米³，为浮性泡沫状颗粒。可在水面上漂浮 12～24 小时不溶散，营养成分损失小，又能直接观察鱼吃食情况，便于精确掌握投饲量，饲料利用率较高。这种饲料适用于生活在中上层水的鱼类。

● 微型颗粒饲料　微型颗粒饲料直径在 500 微米以下，它们常作为浮游生物的替代物，称为人工浮游生物，用于饲养刚孵化的虾蟹类和鱼类苗种。

(3) 微囊饲料

微囊饲料主要是在微型饲料的表层包裹一层隔离膜，饲料的营养不易损失，并且增加了饲料在水中的悬浮时间，使之更有利于被水生生物利用。

养殖者可根据不同的养殖对象选择相应的饲料。

 怎样鉴别渔用颗粒饲料的质量?

鉴别渔用颗粒饲料的质量可以通过"看、闻、捻、泡、嚼"等方法。

（1）看

● 看颜色　渔用颗粒饲料是由鱼粉、豆粕、杂粕、次粉、鱼骨粉等按一定的比例均匀混合制粒而成的。鱼粉、豆粕较多时饲料颜色稍黄；杂粕较多时料色暗红；次粉较多时料色稍灰白。一般来说，鳗鲡、鳖粉末型饲料是浅灰色的，经热处理的颗粒饲料是褐色至灰黑色的，塘虱鱼、大黄鱼饲料为黄棕色。

● 看粒度　渔用饲料是经过制粒工艺加工后形成的，颗粒形状有圆柱体、圆盘体、六面体（方块形）和多面体（破碎粒）。通过观察粒度可以判断其原料配比，原料粉碎细度，调制均匀程度及外形有无缺损、塌瘪、歪斜等。一般长度为直径的 1.5～2 倍，粉化率不超过 0.5%。劣质饲料断面不齐，粉化率较高。饲料表面毛糙多孔，入水后易渗水或附气泡，影响饲料的耐水性。

● 看沉水速度　鱼在水体上层摄食时，不但可以节约饲料也便于观察鱼的摄食情况。所以，投喂颗粒饲料时，保证饲料有一定的浮水时间是必要的。一般硬颗粒饲料在水面能浮 3～4 秒为宜。下沉太快，鱼来不及摄食，会沉底造成浪费；浮水时间太长，则说明该饲料的粗纤维含量较多，品质较差。

（2）闻

颗粒饲料是各种原料混合后，经熟化制成的。饲料熟化后会散发出特有的香味。无霉味、臭味及其他难闻的气味，一般都带有鱼粉的腥味和豆粕的清香。抓一把刚开袋的饲料放在鼻前闻一下，若发现有霉苦味、鱼腥味、生鱼粉味以及生面粉味，则品质较劣。如果是比较差的饲料，是用了一些鱼粉的替代品，这种鱼腥味就比较淡，或者干脆就不含有鱼粉。另外，不好的饲料有可能出现霉味或者哈喇味，这实际上就是脂肪氧化以后产生的气味，投喂这种饲料，有可能引起鱼的大面积发病甚至死亡。

(3) 捻

渔用饲料从生产到投喂需要经过多次搬运，客观上必须有一定的机械硬度，一般情况下用手指捻几下不碎即可。若一捻即碎，说明饲料硬度不够，搬运中粉化率较高，易造成饲料的浪费；硬度太大，说明饲料适口性较差，易导致鱼类肠炎病的发生。饲料硬度过大，泡水后不易软化，鱼类会吐食；硬度过小，造粒松弛，耐水性能差，散失率高。

(4) 泡

将饲料放入水中泡一下，一方面可以检查饲料在物理性能上能否满足鱼类消化道的需求，另一方面也可以分析其原料的大致组成情况。具体方法：抓起一把饲料放在水中，观察饲料散开的时间，一般入水 30 分钟左右变软无硬心，2～3 小时之内软而不散为优质饲料。

(5) 嚼

鱼类摄食饲料虽然是吞食，但口感是影响其摄食行为的主要因素。亲自嚼一嚼可以感受颗粒的硬度，判断饲料有无异味、是否变质、是否掺有杂质（如沙粒、泥土）等。

 鱼病传播的主要途径有哪些？

(1) 鱼种本身所带的病原体

放养的鱼种有时会带有大量的致病菌和寄生虫（以下简称"病原体"）。这些病原体常存在于鱼种的体表、鳍条、鳍条基部、鳃丝、肠道、腹腔等部位。当鱼种体质下降，防御机能降低时，病原体就会大量繁殖，并不断侵害鱼体，鱼类就会发生一系列的病变。

(2) 环境因素

池塘的环境因素比较复杂，是鱼类病原体主要滋生的场所和传播源（如池塘内的淤泥、水生植物、软体动物、水生昆虫、鱼类敌害生物等）。有些病原体存在于过厚的淤泥中或水草上，当水温适宜时病原体就可以大量繁殖从而造成鱼病的传播。

(3) 人为因素

由人为因素所造成病原体传播的情况很多，归纳起来主要有以下几方面：

● 饲养管理不当　当所投喂的鲜活饲料不洁时，可将大量病原体带入水体或直接进入鱼体内。施用未经发酵处理的有机肥，也能导致病原体的传播。

● 操作不当　在拉网起捕、干塘捕捞或并池过程中，常因操之过急、动作鲁莽使鱼的体表受到损伤，而当时又未做好鱼体的消毒工作，从而容易引发水霉病、赤皮病或细菌性烂鳃病等疾病。

● 使用不洁用具　常见的渔业用具有网具、鱼盆、鱼种箱、饵料桶、氧气袋、装鱼桶、增氧机、潜水泵等，上述渔具在被病原体污染过的水体中使用后，未经任何消毒处理，又被立即用到其他池塘中进行作业，易导致鱼病的传播。

 如何预防鱼病的发生

(1) 改善生态环境

养殖场的选址、建造要符合鱼类养殖要求。水源要充足，不被污染，不带病原体，理化指标符合相关的渔业水质要求，有条件的要建有蓄水池对水体进行初步处理，防止病原体从水源带入（尤其是育苗时）。各个池塘要有独立的进水、排水系统。注意清除池底过多淤泥或对池底进行翻晒、冬冻，因为淤泥中有机质分解要消耗大量氧气，在夏季易引起泛池，在缺氧状态下产生大量有毒有害物质。pH 偏低时可泼洒生石灰，提高 pH，改善水质；pH 偏高时，可用碳酸氢钠调节。在主要生长季节，晴天中午开动增氧机，改善池水溶氧状况；定期加注清水及换水，保持水质肥、活、嫩、爽，提高溶氧量；定期泼洒水质改良剂、底质改良剂或光合细菌等以改善水质和底质状况，增强鱼体抗病力。

(2) 增强机体抗病力

投喂营养全面的饲料，增强鱼体的体质；加强日常巡塘和管理，发现问题及时处理；采用免疫方法，提高鱼体的免疫力。

(3) 控制和消灭病原体

凡从场外引进的鱼苗、鱼种或亲鱼都必须经过严格的检疫，凡带有病原体的，严禁入场；从渔场输出的水

产动物也必须检疫合格后方可输出。池塘是鱼类生活栖息的场所，同时也是病原体的滋生及贮藏场，池塘环境的优劣直接影响鱼类是否健康，一般要求每年彻底清塘1次。为防止病原体传播，在鱼种放养和分塘换池时，必须用漂白粉或高锰酸钾对鱼体消毒以预防疾病的发生。投喂的颗粒饲料应是清洁、新鲜、不带病原体的，一般不进行消毒。投喂水草必要时可用 6 克/米³ 的漂白粉浸泡 20～30 分钟，投喂鲜活饵料的要用 20 克/米³的漂白粉浸泡 20～30 分钟消毒，然后漂洗干净后投喂。养殖过程中投饵量要适当，并且每日清除残饵。在疾病流行季节，定期对食场进行消毒，可采用挂篓、挂袋法，也可在食场周围遍洒漂白粉、硫酸铜或敌百虫进行杀菌、杀虫。养鱼工作最好专塘专用，如无法做到分开时，则在使用前必须消毒，一般网具可用 20 克/米³ 的硫酸铜或 50 克/米³ 的高锰酸钾或 5% 的盐水浸泡消毒30 分钟，然后用清水洗净后使用。

87 禁用渔药有哪些？

渔用药物的使用应以不危害人类健康和不破坏水域生态环境为基本原则，国家规定的禁用渔药主要有以下几种：

(1) 氯霉素

该药对人类的毒性较大，抑制骨髓造血功能造成过敏反应，引起再生障碍性贫血（包括红细胞减少、血小板减少等），此外该药还可引起肠道菌群失调及抑制抗

体的形成。该药已在较多国家禁用。

(2) 呋喃唑酮

呋喃唑酮残留会对人体造成潜在危害，可引起溶血性贫血、多发性神经炎、眼部损害和急性肝坏死等症状。

(3) 甘汞、硝酸亚汞、醋酸汞和吡啶基醋酸汞

汞对人体有较大的毒性，极易产生富集性中毒，出现肾损害。

(4) 锥虫胂胺

由于砷有剧毒，其制剂不仅可在生物体内形成富集，而且还可对水环境造成污染。

(5) 五氯酚钠

它易溶于水，经日光照射易分解。它造成中枢神经系统、肝、肾等器官的损害，对鱼类等水生动物毒性极大。该药对人体也有一定的毒性，对人的皮肤、鼻、眼等处黏膜有较强刺激性，使用不当可引起中毒。

(6) 孔雀石绿

孔雀石绿有较大的副作用，它能溶解足够的锌，引起水生动物急性锌中毒，更严重的是孔雀石绿是一种致癌、致畸药物，可对人类造成潜在的危害。

(7) 杀虫脒和双甲脒

农业部、卫生部发布的农药安全使用规定中把杀虫

脒列为高残留药物，1989 年已宣布杀虫脒为淘汰药物。双甲脒不仅毒性高，其中间代谢产物对人体也有致癌作用。该类药物还可通过食物链传递，对人体造成潜在的致癌作用。

(8) 林丹、毒杀芬

均为有机氯杀虫剂。其最大的特点是自然降解慢，残留期长，有生物富集作用，有致癌性，对人体功能性器官有损害等。

(9) 甲基睾丸酮、己烯雌酚

属于激素类药物。在水产动物体内的代谢较慢，极小的残留即可对人类造成危害。

● 甲基睾丸酮　可能使妇女产生类似早孕的反应及乳房肿胀、不规则出血等；剂量大影响肝脏功能；孕妇有女胎男性化和畸胎发生，容易引起新生儿溶血及黄疸。

● 己烯雌酚　可引起恶心、呕吐、食欲不振、头痛反应，损害肝脏和肾脏，可引起子宫内膜过度增生，导致孕妇胎儿畸形。

(10) 酒石酸锑钾

该药毒性强，尤其是对心脏毒性大，能导致窦性心动过速、早搏，甚至发生急性心源性脑缺血综合征。该药可使谷丙转氨酶升高，肝肿大，出现黄疸，并发展成中毒性肝炎。

(11) 喹乙醇

主要作为一种化学促生长剂在水产动物饲料中添

加，它的抗菌作用是次要的。此药的长期添加，会对水产养殖动物的肝、肾造成很大的破坏，引起水产养殖动物肝脏肿大、腹水，造成水产动物的死亡。如果长期使用该类药，则会造成耐药性。导致肠球菌广为流行，严重危害人类健康。

88 有哪些方法可对鱼体进行消毒？

对鱼病应该有"防重于治"的意识，除了挑选体质健壮的鱼种外，还应该在放养时用药物对鱼体进行消毒处理，以杀灭附在鱼体皮肤及鳃部的病原体。最好是在消毒前认真做好病原体检查，针对病原体的不同种类，选择适当的方法进行消毒处理，以达到最佳效果，从而保证鱼种有较高的成活率。常用的消毒方法有以下几种：

（1）漂白粉溶液

制成有效氯含量为 10 克/米³ 的溶液，在水温 10～15℃时，浸洗鱼体 25 分钟左右；在水温 15～20℃时，浸洗鱼体 15～20 分钟。夏花鱼种消毒的浓度应低一些，采用 5 克/米³ 的浓度消毒 15～20 分钟。此法对细菌、真菌均有不同程度的杀灭作用，可有效预防细菌性赤皮病、烂鳃病、竖鳞病、水霉病等。选用漂白粉进行鱼体消毒时应注意以下事项：一是应对漂白粉的有效成分含量加以确认，有条件的可进行测定，确定含量后再计算实际用量，以保证鱼种安全和消毒效果。二是漂白粉不能与碱性物质合用，不能用金属容器盛放。三是因漂白粉遇水易分解，所以不能预先溶于水。

（2）硫酸铜溶液

对鱼苗消毒的浓度为 8 克/米³，对个体较大的鱼消毒可用硫酸铜 8 克/米³ 和漂白粉 10 克/米³ 的混合溶液。水温 15℃时，浸洗鱼体 20～30 分钟，可预防烂鳃病、赤皮病、车轮虫病、斜管虫病、隐鞭虫病等。5克/米³ 硫酸铜和 5 克/米³ 醋酸混合浸洗鱼体 1～2 分钟可杀灭小瓜虫。硫酸铜溶液对金属有腐蚀性，不能用金属容器盛放。溶解硫酸铜时，水温不应超过 60℃，否则会降低药效。

（3）高锰酸钾溶液

浓度 20 克/米³，在水温 20℃时，浸洗鱼体 20～25 分钟，可防治三代虫病、指环虫病，对车轮虫病、斜管虫病等也有效。水温 15～20℃，用 20 克/米³ 浓度浸洗

15～20 分钟；或 21～30 ℃，用 10 克/米³ 浓度浸洗 15～20 分钟，可治疗草鱼、鲤锚头蚤病。高锰酸钾属强氧化剂，高浓度浸洗鱼体时极易灼伤鱼体皮肤和鳃，因此应特别小心，尽量准确掌握浓度。因高锰酸钾在阳光下易氧化而失效，不宜在阳光直射下使用。

（4）食盐溶液

浓度 20～30 克/升，浸洗鱼体 5～10 分钟，对防治烂鳃病、赤皮病等细菌性鱼病和纤毛虫、鞭毛虫及嗜子宫线虫等寄生虫具较好的效果。浓度 5～6 克/升用较长时间浸洗，防治鱼类水霉病。浓度 30 克/升浸洗 10～25 分钟，预防竖鳞病。选择食盐对鱼体消毒时，不宜在镀锌铁皮容器中进行，否则会引起中毒。

（5）注意事项

① 鱼体消毒的时间最好选择在晴天 8～9 时或 16 时左右，尽量避开中午的强光和高温。

② 用于消毒的药液要现配现用。不能先配好药液再去清塘捕鱼，几小时后才使用。特别是漂白粉、高锰酸钾等易分解的药物，溶于水几小时后已失去药效。

③ 消毒时应视容器的大小和药液的多少决定放入鱼种的多少，每次处理的鱼不宜过多，以免因缺氧导致死亡。

④ 浸洗鱼体时间的长短直接关系消毒效果的好坏。而决定浸洗时间长短的因素又较多，如水温、水质及鱼的体质、种类等，因此，操作中应灵活掌握，尽量使浸洗的时间达到要求，既要杀灭病原体，又要保证鱼体安全。切忌用高浓度的药液短暂浸洗鱼体的"蘸水"式消

毒，这样既浪费了药物，又没有达到消毒的目的。

　　⑤ 浸洗过鱼体的药液不可再用来处理下一批鱼种，因为药液的浓度已被稀释，再用会影响效果。继续补充新配的药液又不能较准确掌握其浓度，不能保证鱼体安全。

　　⑥ 用药量要计量准确，决不能超量，以保证被消毒鱼类的安全。

　　⑦ 要用木制或塑料盆、塑料桶配制药液，不宜用金属容器配制药液。

　　⑧ 投放鱼种苗宜选择在气温 10～15 ℃ 的晴天进行，但使用高锰酸钾药液不宜在太阳直射下进行。

　　⑨ 操作仔细，勿伤鱼体。

　　⑩ 浸洗鱼种苗时现场不能离人，并要注意观察，发现有异常情况，如浮头、窜游或翻肚的鱼苗时，要立即捞出下池，以防中毒死亡。使用后的消毒液不要倒入养殖池塘中。

 怎样预测养殖鱼类的浮头？

鱼在浮头之前会产生一些异常现象，可根据这些预兆，事先做好预测，及时采取措施减少损失。鱼类在发生浮头前可根据以下现象进行预测：

(1) 根据天气情况进行预测

夏季晴天傍晚下雷雨会使池塘表层水温急剧下降，引起池塘上下水层急速对流，上层溶氧高的水对流至下层后，水中氧气很快被下层水中的有机物耗尽，从而引起严重浮头。夏秋季节晴天白天吹南风，气温高；夜间吹北风，气温下降速度快，引起上下水层迅速对流，容易引起浮头。或夜间风力较大，气温下降快，上下水层对流快，也易引起浮头。连续阴雨、光照条件差、风力小、闷热、气压低时，浮游植物光合作用减弱，以致水中溶氧供不应求，容易引起浮头。此外，久晴不雨、池水温度高时，加以大量投饵，水质肥，一旦天气转阴，就容易导致浮头。

(2) 根据季节和水温的变化进行预测

池塘水温在 7～8 月份逐渐升高，水中死亡的浮游植物增多，耗氧量增加，可以看到表面有阵阵水花，清晨鱼类就集中在水上层游动，俗称"暗浮头"。此时必须及时采取增氧措施，否则容易死鱼。在梅雨季节，由于光照强度弱而水温较高，浮游植物放出的氧气减少，加上气压低，风力小，往往会引起严重浮头。又如从夏天到秋天的季节转换时期，气候变化大，多雷阵雨天气，鱼类也易浮头。

（3）根据水质进行预测

池塘水质浓，透明度小，或产生"水华"现象（即浮游生物大量繁殖，在水面上形成蓝色、绿色的云彩状或丝状条纹），如遇天气变化，容易造成浮游生物大量死亡，水中耗氧大增，引起鱼类泛池。

（4）根据鱼类吃食情况进行预测

经常检查食场，若在一定时间内没有把饲料吃完而又未发现鱼病，说明池塘溶氧条件差，第二天清晨就会浮头。如池塘养殖草鱼，可观察草鱼吃草情况，正常情况下，一般看不到草鱼吃草，而只看到浮在水面上的草在翻动并逐渐往下沉，并可听到"嘎嘎"的吃草声。如果发现草鱼仅仅在水面草堆边上吃草，说明草堆下的溶氧已经很低了，有浮头的可能。

90 怎么防止养殖鱼类的浮头？

(1) 增氧机增氧

在夏季如果傍晚有雷阵雨，或遇到天气连续阴雨、低压闷热，应根据鱼类的活动情况及时开动增氧机，加快池塘物质循环，增加水体溶氧量。增氧机应晴天中午开，阴天早晨开，连阴雨半夜开，傍晚不开。

(2) 注意观察水质的变化

如发现水质过浓，透明度很低，鱼类狂躁不安时，应及时开启水泵加注清水，以提高水体透明度，改善水质，增加溶氧。同时还可根据水质的变化情况适当减少投饵量，以达到改善水质的目的。

（3）经常监测水质

如发现水中死亡的浮游植物过多及腐败的饲料、杂草过多时，要及时清除，防止发生浮头。

（4）化学增氧药物增氧

如发生严重浮头或泛池时也可按说明书使用化学增氧药物来增氧，能起到迅速增氧的效果。

增加溶氧

清除杂草

减少投饵量

91 调控池塘水环境主要因子有哪些方法？

水产养殖过程中，需要调控的水域环境因子主要有溶解氧、pH、硬度、氨氮及硫化氢等。这些环境因子对鱼类的生长具有重要影响。

(1) 溶解氧的调控

溶解氧是指水中含有氧气的数量，用每升毫克数
(毫克/升) 表示。水中溶解氧的含量是影响鱼类生存和
生长发育的重要因素，一般来说，鱼类生长要求的溶氧
量为 5 毫克/升以上。但鱼类的摄食、受惊、密集、活
动增强以及性腺成熟等因素都能使耗氧量上升。水温升
高鱼的需氧也增加。当池水缺氧时，鱼就出现浮头现
象。池塘缺氧的处理方法：一是立即加注新水，或加大
换水量；二是立即开动增氧机进行充气；三是投放化学
增氧药物。

(2) pH 的调控

pH 表示水体的酸碱度，表示水中氢离子的浓度，
分为 0~14 个等级。一般将天然水体的酸碱度划分为 5
类：强酸性，pH 小于 5；弱酸性，pH 5~6.5；中性，
pH 6.5~8；弱碱性，pH 8~10；强碱性，pH 大于 10。
养殖水体的酸碱度能改变鱼的血液成分，在较强的酸性
环境中生活的鱼，血液 pH 下降，载氧能力下降，从而
妨碍呼吸机能的正常发挥，这时尽管水中含氧量较高，
呼吸也会受阻，活动能力减弱，代谢水平和摄食强度下
降，生长受到影响，甚至出现浮头，直接破坏鱼的鳃、
皮肤及其他组织，甚至危及生命。如果水的 pH 过高，
超过鱼的适应范围，同样是有害的。一般鱼类多喜 pH
在 7~8.5 之间的中性或弱碱性环境中生活。

pH 的调控方法：当水质偏酸，pH 小于 7 时，可全
池泼洒生石灰提高 pH 0.5 左右，或者使用小苏打泼洒，
用量为约每立方米水体用 20 克；当 pH 大于 9 时，可采

取换水或注入新水的措施降碱，也可使用药物调控。

（3）透明度的调控

浮游生物较多的水称为"肥水"，浮游生物较少的水称为"瘦水"。透明度越高说明水质越瘦，透明度越低说明水质越肥。按照鱼类对水体肥度的要求，淡水鱼类可分为肥水鱼类和清净水鱼类。肥水鱼类正常情况下适合生长栖息在肥沃的水体中，水体的透明度一般要求20～35厘米，如鲢、鳙、罗非鱼等；清净水鱼类正常情况下适合生长栖息在清净的水体中，水体的透明度一般要求大于40厘米，中下层鱼类和底层鱼类一般属于清净水鱼类。

透明度偏低，可加大换水量来调控；透明度高可适当施肥，以增加水中的浮游植物量。

（4）氨氮的调控

养殖水体中由于沉积在池底的残饵、粪便及腐败的藻类经细菌分解，产生了分子氨（NH_3）、铵态氮（NH_4^+）、亚硝酸盐和硝酸盐（NO_2^-、NO_3^-）等不同形式的氨。养殖密度越大，氨的浓度越高；pH越高，氨的浓度也越高；温度越高，分子氨毒性越强。这也是为什么鱼类在夏季易发生氨氮中毒的原因。

• 控制措施 一是及时排污，将池底污泥彻底排掉，选用高质量的饲料，减少残饵量；二是不要在池水pH过高时使用铵态氮肥，不要将铵态氮肥与生石灰同时使用，最好相隔10天以上使用；三是使用微生物水质改良剂进行调节；四是开启增氧机增氧，将氨的浓度控制在0.02毫克/千克以下。

(5) 硫化氢 (H_2S) 的调控

硫化氢是一种可溶性的有毒气体，是导致鱼类发病的重要因素之一。

● 调控方法　一是充分增氧，高溶解氧能有效消耗硫化氢；二是控制 pH 在 7.8～8.5 之间；三是定期换注新水，减小有机污染物的浓度；四是彻底清除池底污泥，使用微生态制剂进行底质改良，合理投饵，尽量减少池内残饵量。通过各种措施将水体中硫化氢的浓度控制在 0.1 毫克/千克以下。

92 鱼类越冬管理应注意哪些问题？

(1) 做好越冬前的准备工作

越冬池塘的水深度要达到 2～3 米，池底淤泥不超过 10 厘米。越冬并塘时间一般掌握在水温降至 6～8 ℃为宜。对保水性好的池塘，如果放养 10 厘米左右长的鱼种每亩可放 2.5 万～3 万尾，如果放养商品鱼每亩可放 600～800 千克。越冬鲤最好是单独放养，以免影响其他鱼类，尤其是放养鱼种的池更应注意。越冬前应对准备越冬的鱼加强秋季培育，饲料中应多加些富含不饱和脂肪酸的原料，使越冬的鱼体肥壮，提高成活率。越冬池的水质应保持一定的肥度。

(2) 有专人负责越冬池塘的管理

要建立适当的越冬管理制度。要经常检查越冬池有没有漏水现象，特别是流水越冬池的注排水口有无冻结、堵塞情况，水流是否畅通，会不会逃鱼；定期检查水质、水色和池鱼活动情况；春节前可每周检查一次水中的溶氧量，春节后应每天检查一次，当池水溶氧降到3毫克/升时，应采取增氧措施。结冰后应定期打冰眼观察水色和生物活动情况，当水色浑浊、变黑，有腥臭味，或冰眼处有浮游动物、虾、鱼等生物时，是水质变坏、缺氧的征兆，应及时采取相应措施。

（3）要冰上扫雪

鱼池结冰后，应禁止在冰上滑动和在冰上强烈震动，以免惊动池鱼。越冬池积雪后应及时扫掉。如果池塘面积过大，不能全扫的也应扫一部分，以改善光照条件，增强浮游植物的光合作用，增加水中溶氧量。

（4）定期注新水

越冬池应每隔半个月左右注入一次新水，注水是安全越冬的有效措施。

（5）循环水增氧

在越冬池严重缺氧而又缺少水源时，在非冰冻区可采取循环水增氧。该法是在越冬池用泵抽水，使水在水渠中流动增氧，然后流入原池中。这种方法在冰冻区不适用。

（6）越冬后要适时投喂

越冬后要及时清除残冰，及时换水、注新水。当水温回升到8℃以上时可投喂少量精料，投饲量为鱼体重量的0.5%～1%。

93 淡水鱼池塘混养模式有哪些？

（1）以草鱼为主，混养鲢、鳙

比例为草鱼50%、鲢30%、鳙10%、鲤和团头鲂各5%。饲养方法是以草鱼为主，投喂各种旱草和水草，搭喂少量配合饲料，饲养草鱼的同时，培养了浮游生物，为鲢、鳙提供了饵料；放养的鲢、鳙可控制水体肥度，为草鱼、鲤净化了水质。

（2）以鲤为主，混养鲢、鳙、鲫、团头鲂

比例为鲤70%，鲢15%，鳙、鲫、团头鲂各5%。这种混养模式的特点是鲤放养密度大，投喂颗粒饲料，主养鲤的同时肥水，为鲢、鳙提供了饵料；放养的鲢、鳙可控制水体肥度，为鲤、鲫、团头鲂净化了水质。

（3）以鲢、鳙为主，混养鲤、鲫、团头鲂、鲴

比例为鲢40%，鳙20%，鲤、鲫、团头鲂、鲴各10%。其特点是以施肥为主，依靠培养饵料生物提供鱼食，获得鱼产，是一种"节粮型"饲养方式。

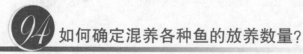

94 如何确定混养各种鱼的放养数量？

放养密度通常以单位水面放养鱼种的尾数和重量来表示，池塘混养时，放养密度包括每种鱼类放养密度和

总密度两层含义。在一定范围内，每种鱼类放养密度与产量呈正相关，与养成规格呈负相关。确定放养密度时应从以下几方面考虑：

（1）依据饲养条件、技术水平和能力确定产量目标；

（2）以放养鱼种在预定时间内达到商品规格为前提，充分发挥养殖鱼类的生长潜力；

（3）以高产、高效为目标，最大限度发挥池塘的生产潜力。

放养密度可根据下列公式计算：

$$X_n = \frac{P \times n}{(W_t - W_O) \times K}$$

式中：X_n 为某种鱼的放养密度（尾/公顷）；P 为计划净产量（千克/公顷）；n 为该种鱼在产量中的比例；W_t 为出塘规格（克）；W_O 为放养规格（克）；K 为预计成活率（%）。

以池塘主要养鲤，混养鲢、鳙、鲫为例，计划产量 1.8×10^4 千克/公顷，投喂颗粒饲料，放养规格、出塘规格、成活率及放养尾数经过用上述公式计算，各种鱼每公顷适宜的放养密度见下表：

以鲤为主的池塘鱼种放养情况

放养种类	放养规格（克）	出塘规格（克）	成活率（%）	放养尾数（尾/公顷）	放养重量（千克/公顷）	比例（%）	计划产量（千克/公顷）
鲤	175	1 175	95	13 260	2 320	70	12 600
鲢	150	1 000	90	4 230	635	18	3 240
鳙	150	1 200	95	1 260	189	7	1 260
鲫	60	500	95	2 150	129	5	900
合计				20 900	3 273	100	18 000

95 怎样进行活鱼运输？

活鱼运输是渔业生产不可缺少的环节之一。在养殖生产中，亲鱼的引进与交流、鱼苗鱼种的销售、商品鱼（活鱼）的贩运与上市等都离不开活鱼运输这个环节。活鱼运输的关键是在鱼"活"，提高运输成活率和效率是这个环节的核心。常用活鱼运输方法有：

（1）用塑料袋充氧运输鱼苗、鱼种

塑料袋（均为一次性）有两种，一种由高压聚乙烯薄膜材料制成，厚度为 0.1～0.18 毫米，直径 40 厘米左右，长 80～110 厘米。装运时首先检查塑料袋是否破损漏气，将两个完好的塑料袋套在一起（双层袋）并向其中加水，加水量为塑料袋容积的 1/3 左右，装鱼，一般装运鲤、草鱼水花鱼苗的密度为 0.5 万～0.6 万尾/升；夏花鱼种密度为 150～200 尾/升，然后排除空气，使用工业用氧气瓶充入氧气，最后，两层塑料袋要分别扎口，以防漏水和漏气。包装物可用保温泡沫箱、纸箱、聚丙烯棚布或帆布等。运输途中应随时检查塑料袋是否漏水和漏气，若发现异常应及时采取措施。如果运输时间长或温度高，可采取换水、换气和加冰块等方法。运输到达目的地，一般要经过缓苗后才放到水体中，即采取先解封口放气，再将一些放养水体的水加入塑料袋中，缓解溶氧、水温、水质等环境的剧烈变化。

（2）半封闭充气（氧）运输商品鱼

一般使用玻璃钢或钢板焊接的箱体装水和装鱼，箱体高度约 1.2～1.5 米，长度与车的箱板相等。装鱼箱内部分隔，每隔容积5～6 米³。箱的上方设装水、装鱼口，并配有带螺旋的封盖，装水装鱼后可封闭鱼箱。在装鱼箱的底部设有放水和出鱼口，并装有闸门和袖状软管用于放水和出鱼。一般运鱼车上都配有柴油机、空气压缩机或氧气瓶。运输车箱内装水量与鱼箱的容积相等（装满）。装鱼的密度一般为500～1 000 千克/米³，装鱼完毕后将盖封好，就可以起运了。装鱼和运输过程不间断充氧或充气；运输时间较长，可在中途换水，气温高可适当加入冰块。

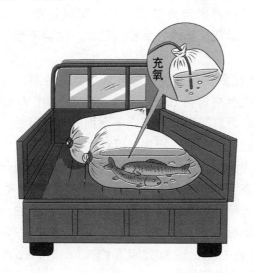

（3）开放式运输亲鱼

开放式亲鱼运输使用的交通工具通常为汽车，装鱼

的容器具为帆布篓或玻璃钢、钢板焊接的水槽，运输亲
鱼的水槽一般不小于 5 米³。为了减少运输过程中亲鱼
受伤，一般在水槽内衬有筛绢网或塑料布。水槽装水
1/3～1/2，装鱼密度一般为 40～60 千克/米³。装鱼后，
篓上口用网片覆盖，以免亲鱼跳出或因颠簸随水溅出。
车上备有氧气瓶或充气泵，以防水体缺氧。有时鱼篓内
装有大的塑料袋，充氧或充气时将塑料袋封闭或半封
闭，既保证了水体溶氧，又可防止亲鱼碰撞和颠簸。运
输时间较长时，可在途中换水。

（4）麻醉运输亲鱼

对于大型鱼类，如鲢、鳙、草鱼、青鱼等，这些鱼
性情暴躁，在运输中乱窜、乱跳，要防止鱼体撞伤和擦
伤。用药物将亲鱼麻醉后运输，可减轻鱼体碰撞和擦
伤，大大提高了运输效率和成活率。主要麻醉剂和使用
方法有：

● 巴比妥钠　麻醉方法可采用肌肉注射，每千克亲
鱼体重注射剂量为 0.05～0.1 毫克，注射 10 分钟左右
就可麻醉，麻醉后的鱼仰浮于水面，呼吸缓慢。如果运
输中发现亲鱼苏醒，出现跳跃或冲撞现象，表示药量不
足或药效已过，应再注射适量药剂。如果亲鱼呼吸极度
衰竭，表明麻醉过度，可注射 25% 尼可刹米或苯甲酸
钠咖啡因溶液，每尾亲鱼剂量均为 1 毫升左右。也可将
巴比妥钠投放到水体中，浓度为 10～15 毫克/升，在水
温 10℃ 左右时，麻醉时间大约 10 小时，放入池塘后
5～10 分钟就可苏醒。

● 间氨基苯甲酸乙酯烷基磺酸盐（MS-222）　采用
肌肉注射，剂量是 0.01～0.05 毫克/千克；如放入水体

中麻醉，浓度为 10～30 毫克/升，20～30 分钟内麻醉，麻醉可持续 40 小时。放入清水后迅速恢复。

● 乙醚（或 95％酒精）　用棉花蘸乙醚（亲鱼体重 10～15 千克，使用 2.5 毫升）塞入亲鱼口腔内，2～3 分钟后就被麻醉，麻醉后的鱼可放在装有清水的鱼篓中运输，也可在淋水下干运。此法一次的麻醉时间为 2～3 小时。

后 记

牛羊满圈粮满仓，鸡鸭成群瓜果香，这是农村小康人家的兴旺景象。今天的农村，无论是散户养殖，还是规模养殖，亦或发展专业合作社，农村妇女都是重要力量。她们对畜禽、水产养殖技能的掌握程度是脱贫致富的决定性因素之一。为此，我们组织相关专家编写了此书，从实用技能入手，以猪、鸡、牛、羊和水产养殖管理的关键环节为重点，以健康养殖科学理念和先进实用养殖技术为主要内容，帮助姐妹们掌握畜禽养殖以及水产养殖生产的相关技术和技能，提高养殖生产效率和经济收入，实现脱贫致富。

由于编者水平有限，加之成书时间紧，书中难免有疏漏和不妥之处，敬请广大读者批评指正。

编 者

2017 年 7 月